전통주에 깃든
지리의 향기

전통주에 깃든 지리의 향기

초판 1쇄 발행 2023년 11월 27일

지은이 신희수
펴낸이 장길수
펴낸곳 지식과감성#
출판등록 제2012-000081호

교정 김서아
디자인 오정은
편집 오정은, 김초롱
검수 한장희, 이현
마케팅 김윤길, 정은혜

주소 서울시 금천구 벚꽃로298 대륭포스트타워6차 1212호
전화 070-4651-3730~4
팩스 070-4325-7006
이메일 ksbookup@naver.com
홈페이지 www.knsbookup.com

ISBN 979-11-392-1458-1(03980)
값 16,000원

• 이 책의 판권은 지은이에게 있습니다.
• 이 책 내용의 전부 또는 일부를 재사용하려면 반드시 지은이의 서면 동의를 받아야 합니다.
• 잘못된 책은 구입하신 곳에서 바꾸어 드립니다.

이 도서는 충청북도 교육도서관의 교직원 책 출판 지원 프로그램 지원금을 받아 제작되었습니다.

지식과감성#
홈페이지 바로가기

전통주에 깃든
지리의 향기

신희수 지음

목차

머리말 · 8

영덕의 숨은 명주, 해방주
영덕의 특산물 영덕대게 · 14
영덕을 담은 해방주 · 18

공주 분지의 밤으로 만든 맛있는 술, 왕율주
짬뽕의 도시, 공주 · 24
풍수지리상의 길지, 공주 · 31
공주의 특산물 밤 · 34

5월 여행지 고창의 선운산 복분자주
5월의 선운산 · 40
유네스코 세계문화유산 고인돌 · 43
농촌 어메니티 · 47
풍천장어와 복분자주 · 53

쌀과 도자기의 고장 여주의 화요
우리 술 소주 · 60
우리 쌀로 만든 우리나라 대표 증류주 · · · · · · · · · · · · · · 66
도자기의 고장 여주 · 70

척박한 울릉도 주민을 위한 자연의 선물, 마가목주
    척박한 화산섬 울릉도 ·· 76
    동한난류와 따뜻한 겨울 기온 ································ 82
    울릉도민의 술 마가목주 ······································ 86

제주도의 화산 지형과 기후가 만든 고소리술, 미상25
    현무암의 섬, 제주도 ·· 94
    용천대와 고소리술 ··· 107
    해산물과 귤의 천국 ·· 110

지리산의 정기를 모아 만든 구례 산수유 막걸리
    민족의 영산 지리산 ·· 118
    산동 산수유 마을 ··· 121
    구례 산동 산수유 막걸리 ···································· 126

서래봉이 만들어 준 인연, 정읍 서래연
    우리나라 대표 곡창 지대 호남평야 ······················· 132
    내장산의 좋은 기운을 받아 만든 약주 ··················· 136
    장소 마케팅의 사례: 쌍화차 거리 ························· 143

천혜의 자연을 품은 평창 감자술

대관령의 맛: 오삼불고기 · 148
대관령 고위 평탄면과 고랭지 농업 · · · · · · · · · · · · · · · · · · 151
강원도 화전민의 술 · 156

남해의 명물 시골할매 유자막걸리

죽방렴으로 건져 올린 신선한 멸치 · · · · · · · · · · · · · · · · · · 164
가난한 농민들이 피와 땀으로 일군 다랭이논 · · · · · · · · · · · · 170

쌀의 기원지 청주의 풍정사계

쌀의 기원지 미호평야 · 178
청주의 자연환경이 만든 좋은 술 · 181
역동적인 변화의 도시 · 189

어머니의 사랑이 담긴 해장술, 전주 모주

역사 도시 전주 · 196
유네스코 음식창의도시 · 204
어머니의 사랑이 담긴 해장술 · 209

이 책에 실린 전통주 지도

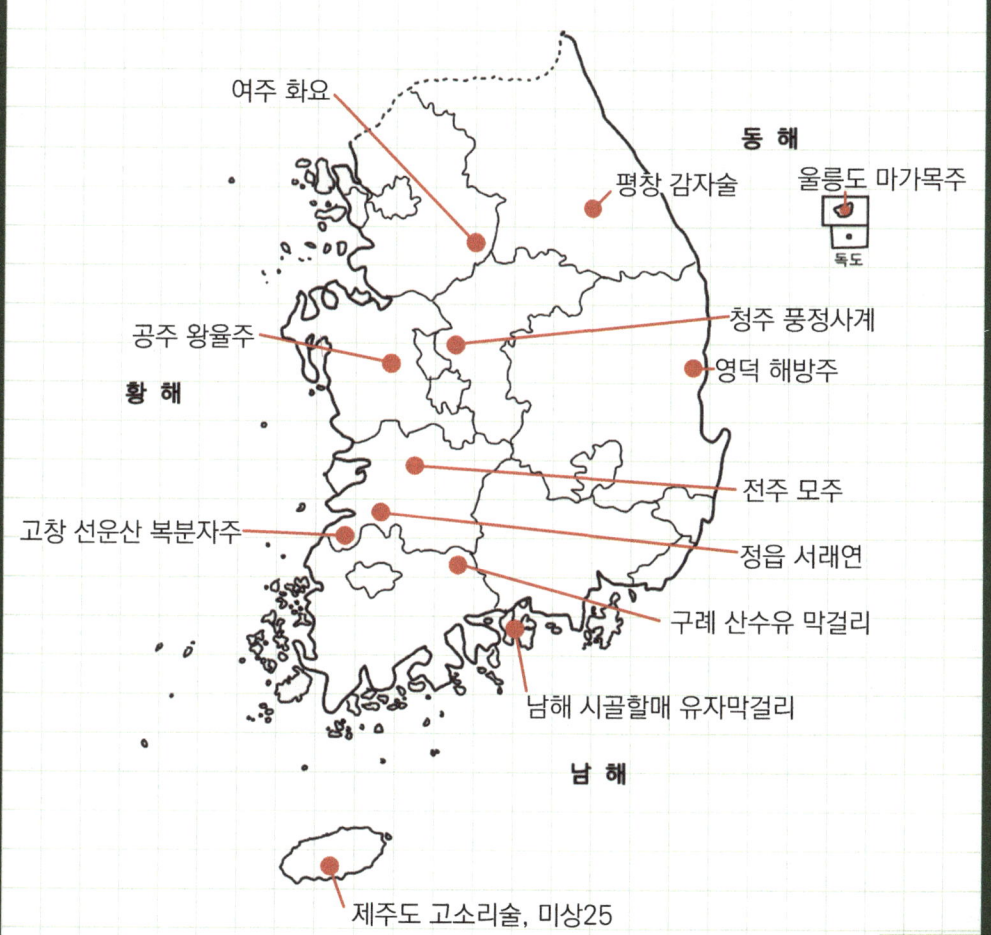

머리말

여러 지역을 여행하다 보면 각 지역마다 물맛부터 공기, 음식, 사람들의 성향, 어조, 분위기, 특산물 등 모든 면에서 차이가 있다는 것을 느낄 수 있다. 그 모든 차이를 이해하기 위해서는 모든 현상의 원인이 되는 지리를 먼저 이해해야 한다. 일상생활 속에서 사람들이 많이 접하는 소재로 각 지역의 지리적 차이를 분석하여 사람들에게 알려 주고 싶었다. 그래서 사람들이 좋아하는 대중적인 음식 중 '짬뽕'을 소재로 지역마다 재료나 요리법, 맛의 특징이 다를 것이라는 가설을 바탕으로 전국의 짬뽕 맛집을 탐방하면서 짬뽕에 담긴 지리적 특성을 파악해 보고자 노력해 봤다. 하지만 유통 강국인 대한민국에서는 어느 지역에서나 전국 각지의 재료가 사용되고 있기에 재료와 맛의 획일화가 진행되고 있고, 짬뽕 속에서 지역의 특성을 찾아내는 것이 생각보다 어려웠다.

그래서 다른 소재를 탐색하던 중 지역의 지리적 특성을 담고 있는 아주 적합한 소재를 찾아냈는데 바로 전통주였다. 주세법에 따르면 전통주는 농업 경영체·생산자 단체가 소재지나 인접지에서 생산하는 농산물을 주원료로 제조하는 주류이다. 농산물에는 그 지역의 기후,

지형, 토양, 수문 등 자연환경과 농경 문화와 같은 인문 환경이 담겨 있기에 지역 농산물을 원료로 빚은 술은 각 지역의 지리적 특성을 가장 잘 담고 있는 지리적 결정체였다. 그래서 각 지역의 전통주를 맛보고 전통주에 담긴 지리적 특성을 발견하여 글로 정리해 보기로 하였다. 이 책을 쓰면서 고등학생 때 배운 시 박목월의 〈나그네〉 중 '술 익는 마을마다 타는 저녁놀'이라는 구절이 생각났다. 술 익는 마을마다 지역의 재료를 사용하여 빚은 술 향기가 퍼져 나가는 모습을 상상해 보면, 그 향기가 지리적 특성을 담고 있는 지리적 향기가 아닌가 하는 생각이 든다. 한 명의 나그네가 되어 지역을 여행하면서 직접 맛본 전통주 중 13개를 선정하여 지리 이야기를 이 책을 통해 풀어 보고자 한다.

　영덕의 해방주는 영덕의 특산물인 해방풍을 주재료로 하여 바다의 맛과 향이 담겨 있는 술이다. 해방주를 통해 전통주에는 지역의 농산물뿐만 아니라 냄새와 공기까지 담겨 있는 지리적 산물이라는 것을 알게 되었다. **공주의 왕율주**는 공주 분지의 완경사면에서 생산되는 공주의 특산물 밤으로 만든 맛있는 술이다. 공주 분지 지형에 의한 공주시의 흥망성쇠를 떠올리게 하는 공주를 대표하는 특산물이다. **고창 선운산 복분자주**는 사계절이 모두 아름다운 선운산을 여행하고 고창의 특산물 풍천장어와 함께 곁들이면 맛과 영양, 행복을 모두 얻을 수 있는 좋은 술이다. **여주의 화요**는 예부터 벼농사를 지어 임금님께 진상했던 경기미와 여주 물을 재료로 만든 좋은 술이다. 개인적으로 증류주의 맛과 가치를 알게 해 준 특별한 술이다. **울릉도 마가목주**는 조면암질 용암이 분출해서 형성된 경사가 급격한 화산체 울릉도에서 주민들의 관절 건강을 지켜 주었던 소중한 자연의 선물이다. 제주도의 고소리술은 현무암 풍화토와 화산회토로 구성된 제주도의 토양에서 밭작물인 좁쌀을 재료로 내린 소주이다. 화산섬 제주도의 지형이 담겨 있는 술이다. 미상25는 감귤 재배로 유명한 제주 서귀포시의 신례리에서 감귤로 만든 상큼한 증류주이다. 제주도의 기름진 방어, 흑돼지 오겹살과 곁들였을 때 훌륭한 맛의 조화를 이루고 서로의 맛을 높여 준다. 그래서 맛의 위상을 높인다는 뜻으로 味上이라는 예쁜 이름을 갖게 되었다. 구례 산수유 막걸리는 구례의 특산물 산수유가 함유되어 단맛과 신맛, 쓴맛이 조화를 이룬 맛있는 막걸리이다. 지리산의 좋은 기운을 느끼고, 예쁜 산수유 꽃을 감상하며 마시기 좋은 술이다. 정읍 서래연은 내장산의 서래봉 앞에 위치한 양조장에서 내장산의 좋은 기운이 느껴지는 새벽에 직접 개발한 쌀누룩으로 빚은 약주이다. 몸과 마음이 깨끗하게 힐링되는 좋은 느낌의 술이다. 평창 감자술은 농산물 생산량이 적었던 강원도에서 화전민들이 감자를 재배하며 살아오던 전통을 담고 있다. 감자가 많이 생산되어 '감자바우'라고 불리는 강원도 평창의 감자를 재료로 맛있게 빚어 낸 강원도를 대표하는 술이다. 남해 시골할매 유자막걸리는 가난한 농민들의 땀으로 일궈 낸 다랭이논의 쌀과 온화한 남해안의 기후에서 자란 유자로 만들어 남해의 기후와 지형, 역사와 문화를 담고 있는 가치 있는 술이다. 청주의 풍정사계는 쌀의 기원지 미호평야의 쌀과 물이 좋아서 지명에 井자가 들어가는 풍정리의 물이 만나 우리 술의 전통을 이어 가려는 사장님의 정성이 더해진 고급스러운 술이다. 전주 모주는 천혜의 자연환경이 생산한 전주의 식재료와 어머니의 사랑이 담긴 전주를 대표하는 술이다.

13가지 전통주에 담겨 있는 각 지역의 지리적 특성을 분석한 이 책을 읽고 사람들이 우리 일상에 깊숙이 연관되어 있는 지리의 가치를 느꼈으면 좋겠다. '지리는 세상을 정확하게 볼 수 있게 도와주는 안경이다.'라는 나의 신념처럼 사람들이 지리적 안목을 확장하고 세상을 정확하게 바라보는 데 이 책이 도움이 되었으면 좋겠다. 관광지에서 멋진 경관을 보면서 '멋있다'라는 단순한 생각, 심미적 가치만 느낄 것이 아니라 지리적 지식을 바탕으로 지형의 형성 과정을 되짚어 보며 자연의 숭고한 아름다움을 풍부하게 느끼게 되길 바란다. 이 지면을 빌려 이 책을 쓰는 데 도움을 주신 세 분께 감사의 인사를 전하고 싶다. 책 출판을 지원해 주신 충청북도 교육도서관과 업무 담당자이자 절친한 친구 김용결님, 화요를 함께 마시며 전통주의 맛을 알게 해 주신 술친구 박준호님, 이 책을 집필하는 모든 과정과 답사를 함께해 준 임정은님께 특별한 감사의 마음을 전한다.

2023년 가을
신희수

영덕의 숨은 명주

해방주

영덕의 특산물 영덕대게

 영덕하면 떠오르는 특산물이 있다. 바로 영덕대게이다. 영덕대게는 영덕군 앞바다에서 서식하고 있고 게 껍질이 얇고 게살이 많으며 고소한 맛이 강해 대게철이 되면 전국에서 대게를 맛보기 위해 관광객이 몰려온다. 보통 11월~5월이 대게철이고 특히 겨울에서 봄으로 넘

[그림 1] 대게철이 되면 인산인해를 이루는 강구항 대게거리. 식당 외벽이 거대한 대게 모양의 조형물로 꾸며져 있어서 특별한 경관을 연출한다.

어가는 시기에 살수율이 높아지고 가장 맛있다. 이 시기를 맞춰 3월~4월에 영덕의 강구항에서는 대게축제가 열리는데 대게잡이 낚시 체험, 대게 경매, 바닷고기 맨손 잡기, 대게잡이 어선 승선, 대게 먹기 대회, 대게 무료 시식회 등 재미있는 행사가 마련되어 있어 많은 관광객이 참여하고 있다.

강구항은 영덕에서 가장 큰 항구이자 대게로 유명한 곳이다. 대게 철에는 수많은 대게잡이 어선이 강구항에 집결하여 대게 위판이 이루어지고, 연간 500여 톤의 대게들이 드나들고 있다. 어선들이 강구항에 들어와 대게를 쏟아 내며 시작되는 경매장에서는 대게를 위판장 바닥에 크기별로 진열하는 모습이 장관이라 관광객들이 경매 시간에 위판장을 많이 찾고 있다. 강구항은 1997년에 방영했던 〈그대 그리고 나〉라는 드라마 촬영지로 사람들에게 많이 알려졌고, 그 이후 관광객이 증가하면서 강구항의 규모는 두 배 이상 커졌다. 대게거리는 2013년 '한국관광공사 음식테마거리 관광활성화 지원 사업'에 선정되어 담양, 춘천과 함께 음식테마거리로 지정되었다. 강구항 북쪽에는 축산항이라는 조금 규모가 작은 항구가 있는데 조금 더 한적하고 저렴하게 대게를 맛보고 싶으면 축산항을 방문하는 것도 좋다.

대게의 조형물이 큼직하게 붙어 있는 강구항 앞의 식당에서 대게를 맛보는 것도 좋지만 개인적으로는 동광어시장에서 직접 대게를 골라서 식당에서 비용을 내고 쪄 먹는 것을 선호한다. 직접 대게 다리를 눌러서 수율이 좋은지 확인해 보고 큼직하고 실한 대게를 고르고 흥정하며 상인들과 소통하는 것도 여행의 재미이다. 대게 생산지로 유명한 곳은 영덕과 더불어 울진도 있다. 영덕과 울진은 한국산 대게의 원조가 어디냐를 놓고 갈등을 빚고 있는 라이벌 관계이다. 두 지역 모두 대게를 많이 잡고 있지만 과거에 울진은 교통이 너무 열악하여 울진 대게는 대부분 영덕에서 출하했다. 이로 인해 영덕대게가 명성을 얻어 유명해졌지만 현재는 울진의 교통이 개선되고 울진대게의 홍보가 많이 이루어지면서 울진대게도 유명세를 얻고 있다. 영덕과 울진은 공통적으로 송이와 해방풍도 특산물로 생산하고 있고, 두 지역 모두 지리적 표시제에 송이가 등록되어 있어서 대표적인 특산물이 겹치는 미묘한 관계를 이어 가고 있다.

[그림 2] 강구항 동광어시장에서 대게의 다리를 눌러 보며 수율이 좋은지 확인하고 고르는 것이 대게를 가장 맛있게 먹을 수 있는 방법이다.

영덕을 담은 해방주

[그림 3] 다양한 패키지를 개발하고 있는 영덕 해방주. 해방풍 잎이 함유되어 있어 색다른 맛이 난다.

해방주는 영덕의 해방풍으로 만든 전통주이다. 해방풍은 사빈에서 자라는 미나리과에 속하는 식물이며, 국외 반출 시 승인을 받아야 하는 생물 자원이자 희귀 식물로 지정되어 있는 영덕의 특화 작물이다.

해방주는 여행을 하면서 그 지역의 전통주를 맛보며 지리적 특성을 느껴 보는 것이 얼마나 큰 재미인지 알게 해 준 술이다. 영덕의 해방주는 전국적으로 많이 알려지고 인정받고 있는 술은 아니지만 나에게는 특별하고 의미 있는 술이다.

[그림 4] 영덕 해방주

처음 해방주를 맛봤을 때 그 맛과 특별했던 느낌은 아직도 생생하게 기억하고 있다. 전통주에 담긴 지리적 특성을 발견하고 이 책을 기획한 계기가 된 술이기도 하다. 대게철을 맞아 영덕대게를 먹기 위해 강구항으로 가던 중 한 광고판의 내용이 눈에 띄었다. 대한민국 우리 술 품평회에서 우수상을 수상한 해방주의 광고 문구를 보며 얼마나 맛있는 술이기에 상을 받았는지 관심이 생기기 시작했다. 강구항 입구의 한 슈퍼마켓에서 해방주를 구입하여 어시장으로 향하면서 대게와 함께 마셔 보기로 했다. 해방주 첫 잔의 맛은 흡사 샤인머스켓과 같은 기분 좋은 단맛과 증류주 특유의 고급스러운 쓴맛이 조화를 이루었다.

[그림 5] 영덕대게와 해방주. 최고의 조합이다.

　김이 모락모락 나는 고소한 대게를 한 입 가득 넣고, 해방주를 마시며 느끼는 둘의 페어링은 완벽했다. 왜 사람들이 좋은 술을 마실 때 거기에 잘 어울리는 음식을 페어링하려고 신경 쓰는지 알게 되었다. 그날 이후 지금까지도 매년 늦겨울이 되면 대게와 해방주를 즐기기 위해 영덕 강구항을 찾고 있다. 해방주를 처음 먹은 다음 날 해방주 다섯 병을 사서 청주에 있는 집으로 돌아왔다. 며칠 후 집에 손님이 와서 맛있는 술을 구해 왔다며 해방주를 자신 있게 꺼내 보였다. 해방주를 한 입 마시는 순간 마치 생미역을 먹는 듯한 비릿한 맛이 나서 미간을 찌푸리게 되었다. 샤인 머스켓의 달콤한 맛은 온데간데없었다. 혹시 술이 잘못 담겨 있었던 것은 아닌지 다른 병의 술을 따라 마셔 보았지만 결과는 같았다.

[그림 6] 강구항의 비릿한 바다향을 맡으며 마셨을 때 해방주는 가장 맛있다.

 이 경험을 통해 전통주는 단지 재료의 성분이 발효되어 담겨 있는 하나의 음료가 아니라는 사실을 깨닫게 되었다. 왜 강구항과 청주에서 같은 술을 마셨을 때 전혀 다른 맛이 났는지를 되짚어 보니 강구항의 비릿한 바다 냄새와 끈적한 바닷바람을 느끼며 해방주를 마셨을 때와 내륙에 있는 집에서 마셨을 때의 환경이 전혀 다르기 때문이라는 것을 깨닫게 되었다. 전통주는 지역의 냄새와 공기까지도 담겨서 만들어진 지리적 산물이기 때문에 그 지역에서 지역의 음식과 함께 마시는 것이 가장 맛있게 즐길 수 있는 방법이라는 결론을 얻게 되었다.

공주 분지의 밤으로 만든 맛있는 술

왕율주

짬뽕의 도시, 공주

공주에서 가장 유명한 음식을 추천하라고 한다면 주저 없이 짬뽕을 소개하고 싶다. 공주에는 전국 5대 짬뽕에 속하는 동해원을 비롯하여 맛있기로 유명한 짬뽕집이 많다. 점심시간에만 짧게 영업하는 집도 있고, 매일같이 1시간이 넘는 웨이팅이 이루어지는 곳도 있다. 공주에도 5대 짬뽕이 있는데 사람들마다 입맛에 따라 다르게 선정하기 때문에 5군데가 확정되어 있지는 않다. 그중 내 나름대로 선정한 5대 짬뽕은 동해원, 장순루, 청운식당, 진흥각, 우성관 이렇게 5군데이다.

[그림 7, 8] 공주 짬뽕 맛집, 우성관과 진흥각

　동해원은 마치 잡채처럼 다양한 식재료와 깊고 진한 국물이 어우러진 맛이 특징이다. 장순루는 매콤한 고추짬뽕과 하얀 국물의 굴짬뽕, 두 가지 짬뽕으로 유명한 곳이다. 청운식당은 텁텁한 매운 국물에 곡물 가루나 밤 가루가 들어간 듯한 고소한 맛이 조화를 이루어서 공주 시민들로부터 많은 사랑을 받는 곳이다. 개인적으로 가장 좋아하는 진흥각은 직접 농사지은 신선한 야채를 사용하고 조미료가 들어가지 않은 깔끔한 맛의 국물이 매력적이다. 우성관은 국물이 맑고 마치 라면 국물처럼 감칠맛이 강해서 아주 특징적인 맛을 갖고 있다. 이외에도 화끈한 매운맛으로 마니아층을 보유하고 있는 신짬뽕과 최근 몇 년 사이에 유명해져서 공주 5대 짬뽕으로 많이 선정되고 있는 신관반점도 공주를 대표하는 짬뽕집이라고 할 수 있겠다. 공주를 여행하면서 백제 문화를 체험하고 5대 짬뽕을 한 가지씩 순서대로 맛보며 비교해 보는 것을 공주를 즐기는 좋은 방법으로 추천한다. 그런데 언제부터 왜 공주가 짬뽕의 도시로 유명해지게 되었을까? 공주는 백제의 도읍지였던 오래전부터 번성했던 도시이고, 짬뽕 이외에도 다양한 음식 문화가 발달되어 있다. 공주의 지리적, 역사적 특징을 살펴보면 왜 공주에 다양한 식재료를 활용한 음식 문화가 발달되어 있는지 확인해 볼 수 있다.

백제는 475년 9월 개로왕이 고구려 장수왕의 침공을 받아 살해되는 국난을 당하였다. 수도였던 한성이 함락되고 한성 안에 있었던 왕비, 왕자가 모두 고구려군에게 몰살당했고, 8천여 명의 백성들이 포로로 끌려갔다. 개로왕의 동생인 문주는 신라에 원병을 청하러 가서 구원병 1만 명을 동원하여 한성에 당도하였고, 개로왕에 이어 왕위에 즉위하였다. 문주왕이 전쟁으로 인해 초토화된 백제를 재건하기 위해서는 안전한 곳으로 도성을 옮기는 작업이 시급했다. 그래서 고구려군의 군사적 위협으로부터 방어에 유리한 웅진(공주)으로 천도하면서 웅진은 64년간 백제의 왕도로서 역할을 하게 되었다. 웅진은 단층 작용으로 발달한 공주 분지 내에 위치하고 있어서 지형적으로 외적 방어에 유리한 형세를 지니고 있기에 방어를 위해 급격하게 천도하는 과정에서 가장 적합한 지역으로 선정된 것이다.

[그림 9] 공산성

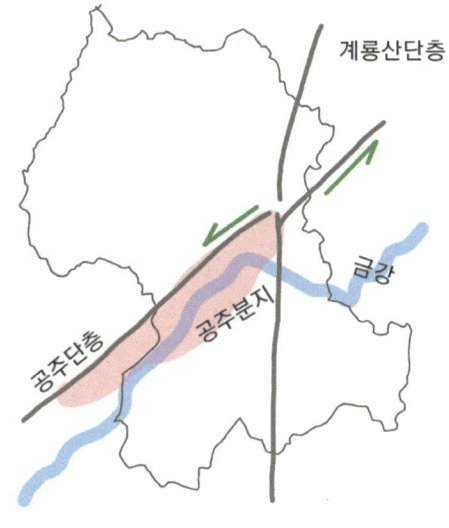

[그림 10] 공주시의 지질. 중생대 쥐라기에 공주 단층과 계룡산 단층 작용으로 인해 지층이 벌어진 곳에 공주 분지가 발달했고, 중생대 백악기에 분지 내에 퇴적암이 쌓여 현재의 지질 환경이 형성되었다.

공주 분지는 길이 약 25km, 폭은 약 4km의 마름모꼴의 형태로 북동-남서 방향으로 발달되어 있다. 중생대 쥐라기 대보 조산 운동을 전후하여 주향 이동 단층 작용으로 인해 지층이 벌어지면서 분지가 발달하였고, 이후 퇴적 작용으로 인해 분지 내에는 백악기 쇄설성 퇴적암이 분포하고 있다. 공주 분지는 대부분 해발 고도 200m 내외의 구릉성 산지와 그 사이에 충적지를 비롯하여 100m 이하의 낮은 구릉지 등이 분포한다. 공주 분지의 중앙부에는 분지와 평행하게 금강 본류가 흐르고 있으며 금강 지류인 유구천, 정안천, 도천, 청룡천, 검상천, 용성천, 왕촌천, 대교천, 혈지천 등이 금강 본류에 합류하고 있다. 좁은 분지 지형이지만 웅진을 통과하는 금강으로부터 수자원을 확보하고 비옥한 충적지에서 농산물을 생산할 수 있는 조건도 천도 과정에서 중요하게 작용했을 것이다.

[그림 11] 공산성의 북문, 공북루

하지만 이러한 웅진의 입지 조건으로 인해 오히려 생각지 못했던 어려움에 직면하게 되었다. 공주 분지의 중앙부에는 분지와 평행하게 금강 본류가 흐르고 있지만, 분지의 특성상 금강 하류 지역에 비해 범람원의 발달이 제한적이다. 협소한 범람원에서 농업 생산량이 부족하였고 산으로 둘러쌓인 분지 지형으로 인해 도시가 더 크게 확장할 수 없었다. 도성이 금강변에 위치함으로써 장마철이나 여름철에 강수량이 증가하면 금강이 범람하여 재산 피해가 발생하기도 하였다. 웅진이 계속해서 도읍지로서의 역할을 수행하기 위해서는 이러한 자연조건의 한계를 극복할 필요가 있었다. 부족한 주곡 작물의 생산량을 채우기 위해서 논농사가 발달한 주변 평야 지대인 세종과 논산 지역에서 식량을 조달받았고, 그 과정에서 금강의 수운 교통이 활용되었다.

[그림 12] 공주, 부여의 지형 개관

이후 금강 수운 교통로를 서해안 지역과 금강의 상류까지 확장하여 다양한 식재료를 공급받게 되었고, 이때부터 수운 교통의 중심지로서 핫플레이스가 되기 시작했다. 비록 도성이 너무 협소하여 538년 성왕 때 농업 생산량이 많은 넓은 평야지대 사비(부여)로 천도하게 되었지만, 수운 교통을 통한 교역 덕분에 64년간 백제의 왕도로서 역할을 수행하고 다양한 식재료를 공급받으면서 음식 문화가 발달하게 된 것이 현재 짬뽕의 도시가 된 시작점이라고 할 수 있겠다.

풍수지리상의 길지, 공주

풍수지리 사상은 우리 조상들의 국토애와 국토관이 담겨 있는 지리 사상이다. 우리 조상들은 대지모(大地母) 사상과 음양오행설을 바탕으로 기(氣)가 모이는 명당에서는 좋은 기운을 받아 복을 누리며 살 수 있다고 보았다. 또한 백두산에서 기가 생성되어 백두 대간을 타고 지리산까지 흐른다고 믿었기 때문에 기가 모이는 명당을 찾기 위해서는 산줄기와 물줄기의 흐름을 봐야 한다고 생각했다. 이러한 국토 인식을 체계화하여 만들어진 사상이 바로 풍수지리 사상이다. 조선 후기 지리학자 이중환은 풍수지리 사상에 산수(경치), 인심(당색), 생리(경제)의 세 가지 조건을 더하여 살기 좋은 가거적지와 살기 나쁜 가거부적지를 연구하여 《택리지》라는 책을 집필하였다. 오늘날 우리가 주거지를 정할 때 교통, 인프라, 환경, 문화 시설, 학군 등의 조건을 따지듯이 당시에는 지리(풍수지리), 산수, 인심, 생리, 이상의 네 가지 조건이 가장 중요하게 생각되었던 것이다. 《택리지》에 따르면 공주는 대표적인 가거적지로서 '영원히 살 만한 곳'이라고 극찬을 받은 지역이다. 공주는 서북 지역에 차령산맥이 지나고 있고, 남동 지역은 계룡산으로 둘러싸인 안정적인 분지 형태를 이루고 있다. 또한 금강이 관통하면서 전체적인 산줄기와 물줄기의 흐름이 전형적인 풍수지리 사상에서 설명하는 명당의 형태를 띄고 있다.

[그림 13] 고마나루(곰나루)

도시 발전의 역사를 짚어 보면 공주는 택리지에서 가거적지로 선정되었던 특성이 반영되어 백제의 도읍지로 번성하게 되었고, 금강의 수운 교통을 바탕으로 내륙과 해안 지역 교역의 중심지로서의 기능을 담당하였다. 나아가 백제의 전성기에는 중국과 교역하고 일본에 문화를 전파하며 국제도시로서 크게 발전할 수 있었다. 단층 작용으로 인해 금강 본류가 90°로 꺾여서 흐르게 되어 형성된 곰나루가 당시 공주가 번성하는데 핵심적인 역할을 담당하였다. 근대적 교통로가 개설되기 이전까지 금강의 내륙 수로가 주요 교통수단이었으나, 육상 교통의 발달과 더불어 수운은 완전히 쇠퇴하게 된다. 특히 철도 교통이 공주를 비켜서 조치원역과 대전역으로 이어지게 되면서 공주는 과거 교통의 중심지였던 지위를 잃게 되었다. 공주의 유생들이 철로가 산지를 가로질러 설치되는 것을 반대하여 공주 옆의 큰 밭이었던 대전(大田)에 대전역이 생기고 교통의 중심점이 대전으로 옮겨 가게 되었다는 속설이 있다. 하지만 명확한 근거가 있는 이야기는 아니고, 공주의 분지 지형과 경부선 완공을 서둘러야 했던 당시의 상황이 공주에서 철로가 비켜 가도록 만들었다고 보는 것이 타당성이 높다.

공주의 특산물 밤

　공주는 차령산맥과 계룡산에서 흘러내리는 맑은 물과 비옥한 토지를 이용한 질 좋은 농산물, 임산물이 생산되고 있다. 특히 공주밤은 당도가 높고 고소하며 맛이 뛰어나 조선시대에 임금님께 진상했을 정도로 공주를 대표하는 특산물이다. 2011년 공산성 성안마을을 발굴할 때 왕궁 연못자리로 추정되는 곳에서 두 개의 흥미로운 유물이 나왔다. 하나는 당 태종의 연호인 '정관' 19년이 새겨진 옷칠 갑옷이었고, 또 하나는 밤 껍질이었다. 백제시대에도 공주에서는 밤이 생산되었고, 백제 왕궁에서도 밤을 먹었다는 것을 확인할 수 있는 의미 있는 유물이었다. 이처럼 공주 밤은 오래전부터 이어 온 공주를 대표하는 특산물이다.

[그림 14] 공주시 마스코트 고마곰과 공주, 공주알밤

1970년대 새마을 운동이 일어나면서 차령산맥 서쪽 경사면인 정안 지역에서 밤나무를 대규모로 심었다. 밤은 연평균 기온 12~15℃의 배수가 잘되는 완경사지가 재배 조건인데 공주시 정안면이 이 조건에 부합하는 밤 재배의 최적지였다. 정안밤은 2006년 임산물 지리적 표시 제4호로 등록되었고, 2008년 국립농산물품질관리원 친환경 인증 마크를 획득하였으며, 2010년 무농약 인증을 받아 공주를 대표하는 명품 브랜드가 되었다. 이후 공주의 우성면, 사곡면 등지로 밤 재배가 확산되면서 '공주밤'으로 불리게 되었다. 공주에서는 밤을 이용한 밤막걸리를 개발하여 2019년 특허 등록을 완료하였고, 밤 껍질을 활용한 '공주 알밤 율피조청'을 연구 개발하여 특허 등록을 완료하였다. 또한 알밤을 축산과 연계시켜 2016년 '공주 알밤한우' 브랜드를 만들어 500여 축산 농가와 2만 5천 마리의 소를 알밤한우로 지정하였다. 그밖에도 알밤빵, 알밤파이, 밤떡 등 알밤을 이용한 맛있는 특산물이 개발되고 있다. 알밤을 재료로 한 전통주 왕율주는 밤의 달고 구수한 맛이 은은하게 느껴지는 공주를 대표할 만한 술이다. 쌀과 공주밤을 섞어 이양주를 만들고, 이양주를 증류하여 만든 밤 증류주이다. 왕율주는 어느 음식과 페어링해도 달달한 밤의 맛과 향이 음식과 조화를 이루면서 음식의 풍미를 살려 준다. 금강 수운 교통의 중심지이자 백제 왕도였던, 한때 핫플레이스 공주의 다양한 음식 문화와 어울리는 공주를 대표하는 술이 바로 왕율주이다.

[그림 15] 공주 밤

5월 여행지 고창의

선운산 복분자주

5월의 선운산

 선운산은 전라북도 고창군에 있는 해발 고도 335m인 산으로 산세가 크지 않은 낮은 산이지만 동백나무 숲과 단풍이 예쁘기로 유명한 산이다. 동백나무 숲은 1967년에 천연기념물 제184호로 지정되었다.

[그림 16] 선운사 동백나무숲. 가느다란 띠 모양으로 동백나무 숲이 쭉 이어져 있어서 4월 하순이 되면 동백꽃이 장관을 이룬다.

동백나무 3,000여 그루가 선운사 뒤쪽 산비탈 5,000여 평에 너비 30m쯤 되는 가느다란 띠 모양을 이루고 있다. 다른 나무 없이 순수하게 동백나무로만 숲이 이루어져서 유명해졌고, 4월 하순에 동백꽃이 펴서 절정을 이루면 동백나무 숲이 온통 붉게 물들어 장관을 이룬다. 10월 말~11월 초에 단풍철이 되면 전국에서 단풍을 보기 위해 많은 사람들이 몰려든다. 단풍철이 되기 전에 꽃무릇이 잠시 피는 9월말에도 선운산은 예쁘기로 유명하다.

[그림 17] 선운산 도솔계곡. 연한 초록색으로 뒤덮인 모습에서 싱그러운 느낌이 느껴진다

　하지만 개인적으로는 동백이 만발하는 4월이나 단풍철의 선운산보다 5월의 선운산을 좋아한다. 5월의 선운산에는 특별히 피는 꽃이 있지는 않고 관광객들에게 인기 있는 시기는 아니지만 기분 좋은 따뜻한 햇살과 초록색으로 뒤덮인 선운산의 싱그러운 느낌을 느낄 수

있다. 이 느낌을 말로 구체적으로 표현하기는 어렵지만 5월에만 느낄 수 있는 아주 기분 좋은 느낌이다. 선운산의 원래 이름은 도솔산이었지만 선운사라는 사찰이 유명해지면서 선운산으로 이름이 바뀌었다. 선운사는 백제 위덕왕 24년(577)에 검단스님이 창건하였고, 암자가 89곳 있고 승려 3천 명이 수도했다고 알려져 있다. 검단스님은 "오묘한 지혜의 경계인 구름(雲)에 머무르면서 갈고 닦아 선정(禪)의 경지를 얻는다" 하여 절 이름을 선운사(禪雲寺)라 지었다.

[그림 18] 선운사 만세루

선운산의 입구에서 선운사까지 가는 길은 1.02km의 짧은 코스이지만 따뜻한 고창의 5월 날씨 때문에 선운사까지 오르는 동안 기분 좋은 정도의 적당히 땀이 흐른다. 선운사에 도착하면 만세루에서 무료 다도 체험을 할 수 있다. 시원한 녹차를 한 잔 마시며 산바람과 선운산의 경치를 즐기는 느낌은 정말 특별해서 5월이 되면 자꾸 선운산을 생각나게 한다.

유네스코 세계문화유산 고인돌

    고창의 고인돌은 유네스코 세계문화유산으로 지정되어 있다. 447기의 고인돌이 밀집 분포하며 이는 세계적으로 드문 사례이다. 고인돌은 청동기시대 대표적인 무덤 양식으로, 우리나라에 3만여기 이상이 분포하고 있다. 그중에서도 전라남도와 전라북도 쪽의 한반도 서남해안 지역에 밀집되어 분포하고 있다. 전라북도 지역은 2003년 조사 기준으로 424개 군집에 2,632기가 분포하고 있다. 특히 고창은 2023년 조사기준으로 전북 고인돌의 65% 이상인 1,748기의 고인돌이 존재하는 것으로 파악되었다.

[그림 19] 고창 고인돌 유적

고창 고인돌 유적은 죽림리와 상갑리, 도산리 일대에 무리지어 분포하고 있다. 단일 구역으로서는 우리나라에서 가장 큰 군집을 이루고 있을 뿐만 아니라 탁자식, 바둑판식, 개석식 등 다양한 형식의 고인돌이 한 지역에 분포한다는 특징을 가지고 있다. 또한 고인돌 축조 과정을 알 수 있는 채석장이 존재하여 고인돌 변천사를 연구하는데 있어 중요한 자료가 되고 있다. 세계유산위원회에서는 등재 기준 제3항(독특하거나 아주 오래된 것)을 적용하여 세계유산으로서의 가치를 인정했다. 고창은 고인돌 박물관을 비롯하여 제1코스~제5코스 1.8km(고창읍 죽림리, 아산면 상갑리 일대), 제6코스 1.7km(고창읍

[그림 20] 유네스코 세계문화유산 고인돌

도산리 일대)를 탐방 코스로 만들어 3천 년 전 다양한 고인돌의 모습 그대로 전승하여 오고 있다.

[그림 21] 고창 고인돌 박물관 셔틀버스

　귀여운 고인돌 캐릭터가 붙어 있는 버스를 타고 다양한 형식의 고인돌이 밀집되어 있는 모습을 보면서 '당시 고창이 얼마나 살기 좋은 곳이었기에 사람들의 흔적이 밀집되어 분포하고 있을까'라는 생각이 들었다. 실제 고인돌의 밀집 지역은 성틀봉과 중봉의 남사면에 산의 등고선 방향으로 위치하고 바로 앞은 고창천이 흐르고 있는 배산임수의 지형을 갖추고 있다. 이렇게 풍수지리상 좋은 지형 조건과 더불어 따뜻하고 포근한 고창의 느낌이 주거지로서 가장 좋은 조건이 아니었나 싶다.

농촌 어메니티

합계 출산율이란 출산 가능 연령(15세~49세)의 여성 한 명이 평생 동안 낳을 것으로 기대되는 평균 자녀의 수를 의미한다. 합계 출산율은 출산율을 나타내기 위해 가장 많이 사용되는 지표로서 국가별 출산율을 비교하거나 인구 구조의 변화를 예측할 때 주로 사용한다. 통계청에 따르면 우리나라의 합계 출산율은 2023년 2분기(4~6월) 0.7을 기록하여 분기별 역대 최저 기록을 갱신하였다. 세계 최저 수준이라고 할 수 있는 심각한 수치이고, 앞으로 저출산 고령화 문제가 걱정되는 상황이다. 이웃 나라 일본은 우리보다 먼저 저출산 고령화 문제를 겪어 왔고, 그 결과 지방 소멸의 문제가 발생하고 있다. 우리나라도 더 이상 저출산 고령화가 먼 미래의 일이 아니라 우리 앞에 직면해 있는 심각한 문제임을 인식해야 한다. 우리나라에서도 인구가 감소하거나 고령 인구 비중이 높아서 지방 소멸이 우려되는 지역이 많다.

	지방 소멸 위험 분류		지방 소멸 위험 지수	
1	소멸 위험 매우 낮음		1.5 이상	
2	소멸 위험 보통		1.0 ~ 1.5 미만	
3	주의단계		0.5 ~ 1.0 미만	
4	소멸 위험 지역	소멸 위험 진입 단계	0.2 ~ 0.5 미만	
5		소멸 고위험 지역	0.2 미만	

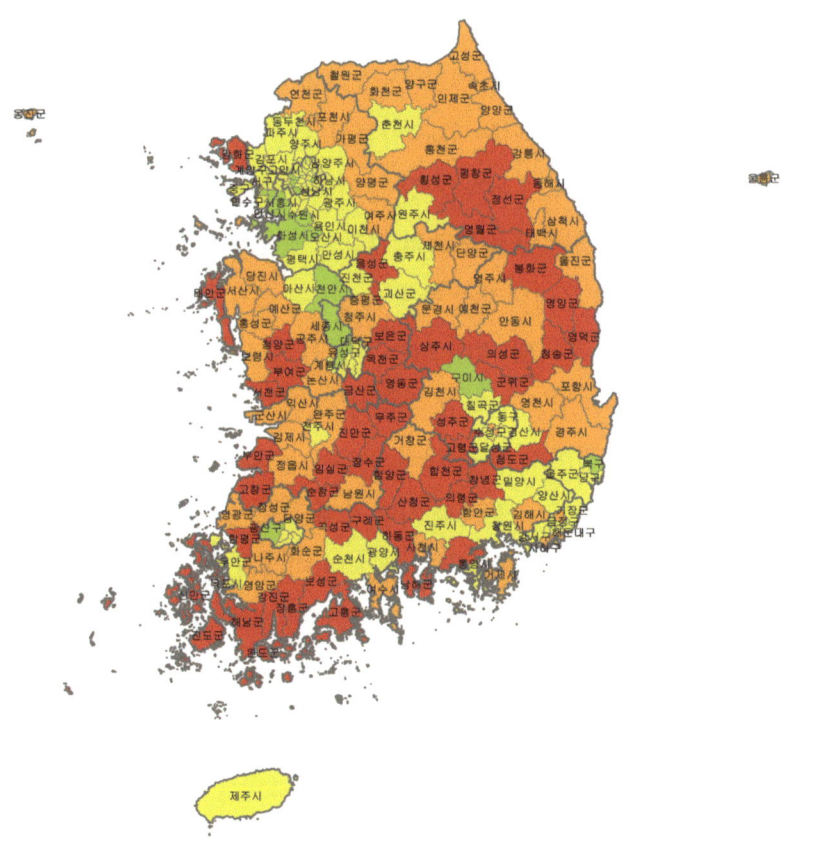

[그림 22] 지방 소멸 위험 지수

고창은 인구가 꾸준히 감소하고 있는 지역으로서 지방 소멸 위험 지수가 굉장히 높은 지역이다. 고령화율이 무려 22.5%에 이르러 전국 평균 9.3%, 전라북도 평균 14.2%를 크게 상회하고 있다. 고창에는 관광 자원과 문화유산, 좋은 자연환경을 가지고 있지만 젊은 사람들을 불러 모을 수 있는 양질의 일자리가 풍부한 곳은 아니다. 고창군에서는 지금과 같은 심각한 상황을 인식하고 지방 쇠퇴를 막고 지역을 발전시키기 위해 많은 노력을 기울이고 있다. 특히 농촌 어메니티에 집중하여 농촌을 매력적으로 보존, 개발함으로써 지속적인 발전을 꾀하고 있다.

[그림 23, 24] 고창 청보리밭. 고창 경관 농업의 성공 사례로 평가받고 있다.

　2004년부터 고창군 공음면 학원 농장 일대 30만 평에 청보리를 심어서 청보리밭 축제를 개최하고 있는 것이 대표적인 사례이다. 바람에 살랑이는 파란 청보리밭을 배경으로 사진을 찍으면 인생 사진을 건질 수 있다. 시간이 조금 지나면 청보리밭이 누렇게 익은 모습을 볼 수 있는데 황금색이 된 청보리도 정말 예쁘다. 청보리밭과 같은 경관 농업을 통해 고창은 젊은 사람들이 사진을 찍으러 가고 싶은 사진 명소가 되었다. 가을의 고창은 선운산 단풍으로 굉장히 유명하다. 단풍이 빨갛게 익기 전 초가을에 9월 말~10월 초가 되면 고창에서 광활한 핑크뮬리밭을 볼 수 있다.

[그림 25] 핑크뮬리

   핑크색 옷을 입고 청농원 핑크뮬리밭에서 사진을 찍는 것은 언젠가 이루어야 할 나의 버킷리스트 중 하나이다. 경관 농업을 통해 농촌의 가치를 높이는 고창군의 전략 덕분에 고창의 관광객은 지속해서 증가하고 있다. 농촌의 가치를 지속적으로 높이고 일자리 창출로 이어지게 된다면 고창의 지역 쇠퇴 문제는 점차 개선되고 더 많은 사람들이 고창을 매력적인 지역으로 기억하게 될 것이다.

풍천장어와 복분자주

복분자는 장미과 산딸기속에 속하는 낙엽 관목의 하나로, 한반도가 원산지여서 영어로는 korean blackberry로 표기한다. 남부 지방 전역에 자생하고 있는 흔한 과일이다. 5월~6월에 꽃이 피고, 7월~8월에 붉은 과실을 맺는데 시간이 지나면 흑색으로 변한다. 다른 산딸기와는 달리 열매가 크고 신맛은 적으며 당도가 높은 편에 속한다.

[그림 26] 복분자

복분자 생산으로 유명한 지역은 고창이며 지리적 표시제에 고창 복분자(35호), 고창 복분자주(3호)가 등록되어 있다. 복분자의 한자는 뒤집힐 복(覆), 동이 분(盆) 자를 쓰는데 이름의 유래에 대해 여러 가지 속설이 있다. 생긴 게 항아리를 엎어 놓은 것 같아서 붙여진 이름이라는 설이 있고, 《동의보감》에 의하면 복분자가 신장 기능을 강화하여 빈뇨증을 낫게 하기 때문에 요강을 엎어 두어도 될 정도라고 하여 복분자라고 이름 붙였다는 이야기도 있다. 하지만 일반적으로 가장 많이 알려진 속설은 복분자를 먹으면 소변 줄기가 강해져서 요강이 뒤집어진다는 의미이다. 옛날 사람들은 소변 줄기=정력이라고 생각했기 때문에 복분자를 정력에 좋은 식품으로 인식하고 섭취해 왔다는 것을 알 수 있다. 복분자에는 안토시아닌계 화합 물질이 풍부하여 노화 방지에 좋고, 칼륨, 비타민A, 비타민C 등 각종 미네랄이 풍부해 피로 회복에도 좋아서 전반적으로 건강에 좋은 식품이다. 복분자의 효능이 더 좋아지는 복용 방법은 복분자주를 담가서 마시는 것이다.

복분자주와 가장 잘 어울리는 안주는 고창의 풍천장어인데 장어에도 뮤신과 코드로이친 성분이 풍부해 정력에 좋은 식품으로 유명하다. 풍천장어는 고창을 흐르는 풍천강과 서해가 만나는 고창군 심원면 월산리 부근에서 잡히는 뱀장어를 지칭한다. 장어의 치어인 실뱀장어는 민물에서 7~9년 이상 성장하다가 산란을 위해 태평양 깊은 곳으로 회유하기 전 바닷물과 민물이 합해지는 지역에 머문다. 고창의 풍천강과 바다가 만나는 지점에서 장어가 많이 잡혀서 '풍천장어'라는 이름이 붙었고, 장어의 맛이 뛰어나서 전국적으로 유명해졌다. 복분자와 장어를 함께 먹으면 비타민A의 작용이 활발히 증가하여 궁

[그림 27] 고창 풍천장어

합이 아주 좋다. 두툼한 풍천장어를 숯불에 구워 복분자주와 곁들이면 맛과 영양의 환상의 조합을 이룰 수 있다. 고창 복분자주가 지리적 표시제에 등록되고 워낙 많은 제품이 출시되다 보니 처음 접하는 사람들은 어떤 제품이 맛있는지 선택하기가 쉽지 않다. 많은 종류의 제품을 맛본 결과 도자기에 담겨 있는 홍진 선운산 복분자주 프리미엄을 자신 있게 추천하고 싶다. 품질이 좋은 고창 복분자를 생으로 사용하고, 복분자의 함량이 높아서 복분자의 맛과 향이 진하게 느껴지는 맛있는 술이다.

쌀과 도자기의 고장 여주의

화요

우리 술 소주

[그림 28] 밑술 담그는 모습

소주는 한국의 전통 증류주로서 곡물로 담근 밑술을 증류하여 만드는 술이다. 원래는 이 증류식 소주를 소주(燒酒)라고 불렀으나 1960년대~1970년대에 쌀을 많이 소모하는 전통주의 판매를 금지하는 양곡관리법으로 인해 대체재로 저렴한 희석식 소주들이 대중화

되면서 평소에 흔히 사용하는 명칭인 '소주'라는 이름을 희석식 소주에게 내어 주고 밀려났다. 이 때문에 증류식 소주를 언급할 때는 그냥 소주가 아닌 '증류식 소주'나 '전통 소주'라고 따로 강조해서 표현해야 할 때가 많다. 엄연히 따지면 증류식 소주와 희석식 소주는 같은 계열의 술이다. 증류식 소주는 밑술을 증류시킨 후 도수를 낮추기 위해 물에 희석하는 과정을 거치고, 희석식 소주는 증류를 통해 주정을 만들어 도수를 조절하고 맛을 내기 위해 물과 감미료를 넣어 만든다. 증류식 소주와 희석식 소주는 증류 방식이 단식이냐 연속이냐에 따라 구별하는 것이 정확하다.

[그림 29] 희석식 소주와 증류식 소주

증류식 소주는 단식 증류로 밑술의 특성을 살려 감미료를 추가하지 않아도 풍부하고 깊은 향과 은은한 쌀의 감칠맛이 느껴지는 훌륭한 맛이 난다. 증류 과정에서 불순물이 거의 없어지기 때문에 숙취

[그림 30] 소줏고리

가 적다. 희석식 소주는 원재료의 맛과 향이 거의 보존되지 않기 때문에 돼지감자, 카사바, 고구마와 같은 값싼 탄수화물을 대량의 효소로 분해하여 만든 당분을 이용한다. 값싼 재료를 사용하기 때문에 잡스러운 맛이 나는 밑술의 맛과 향을 없애고 알코올 성분만 남기기 위해 연속 증류를 한다.

증류 방식에 따라서 증류식 소주는 상압식 증류와 감압식 증류로 구분된다. 상압식 증류는 일반적인 대기압에서 열만 이용하여 증류하는 방식으로 제조 방식이나 재료, 증류기의 종류에 따라 다양한 맛과 향을 낼 수 있다는 장점이 있으나 감압식 증류에 비해 품질 유지가 어렵다는 단점이 있다. 상압식 증류 중에서도 전통적으로 소주를 만드는 방식은 '소줏고리'라고 하는 질그릇제 증류기를 사용했다. 소줏고리를 솥위에 올리고 시루본으로 솥과 소줏고리의 틈을 막고 증류하는 방식이 일반적이다. 또는 가마솥 뚜껑을 이용하여 증류주를 만들기도 한다. 가마솥에 밑술을 넣고 한가운데 소주를 받을 사발을 두고, 솥뚜껑을 뒤집어 닫는다. 솥뚜껑에 냉각수 역할을 할 냉수를 채워 솥을 가열하면 증류된 술이 차가운 솥뚜껑에 의해 냉각되어 뚜껑 손잡이로 모여 아래의 사발로 모이게 되는 방식이다. 감압식 증류 방식은 증류기에 진공 펌프를 장착하여 증류 과정 중에서 낮은 기압을 유지시켜 증발점을 의도적으로 낮춰 낮은 온도에서도 증류되도록 하는 방식으로 안정적이고 일정한 품질의 증류가 가능하다는 장점이 있다. 하지만 어떤 재료를 써도 맛이 비슷해진다는 단점도 있다. 품질 유지가 쉬운 편이라 다수의 소주 제조업체들이 감압식 증류 방식을 채택하고 있다.

[그림 31] 소주의 재료, 쌀

  소주는 옛날에 식량이 부족했던 시절에 그냥 먹기도 모자란 쌀로 빚는 만큼 자연스레 귀한 대접을 받게 되었다. 게다가 쌀로 빚어 발효시킨 탁주나 약주와는 달리 소주는 다시 증류하여 만들기 때문에 최종적으로 얻어지는 양은 더욱 적다. 그래서 역사적으로 쌀이 부족한 시기에는 소주 빚는 것을 금지하는 조치가 빈번히 시행되었다. 양반들도 작은 잔에 조금씩 따라 약을 음용하듯 마셔서 약주라고 단어도 생겨나게 된 것이다. 대한 제국 말부터 일제 강점기 초에 이르는 시기 동안 세수 확보를 위한 '주세령'이 도입되면서 각 가정에서 전해지던 전통 소주는 밀주(密酒)로 밀려나기 시작했다. 이 시기 근대식 주조법을 받아들이고 대량 생산 체계를 갖춘 업체들이 등장하며 증류 소주도 근대화, 산업화의 길을 걷기 시작했다. 그러나 1930년대 중반에 접어들며 일본 제국의 전시 체제가 시작되며 쌀이 전략 물자로 통제

되자 점차 저렴한 대만산 타피오카를 이용해 주조한 희석식 소주가 등장하였다. 1945년 미군정과 대한민국 정부가 들어선 이후에도 미곡 유통 통제 정책으로 말미암아 쌀의 수급 사정은 크게 나아지지 않았고, 증류식 소주는 몰락의 길에 접어들게 되었다. 이후 1965년 시행한 양곡관리법에 의해 수출용 제품을 제외한 쌀을 사용한 술 제조가 제한되면서 이 시기 희석식 소주가 확고한 대세가 되었다. 1988년 서울 올림픽을 계기로 주류 제조에 대한 규제가 완화되고, 전통주의 발굴과 복원이 본격화되었다. 현재 전통 소주는 주세를 절반만 매기는 세제 혜택을 받고 있고 인터넷 판매도 가능해지면서 사람들로부터 점차 선택받고 있는 중이다.

우리 쌀로 만든 우리나라 대표 증류주

[그림 32] 화요 5종

화요는 증류식 소주의 맛을 알게 해 준 고마운 술이다. 화요를 처음 맛본 건 어느 모던한 느낌의 바에서 있었던 직장 동료들과의 술자리였다. 검은 병에 담긴 증류주를 주문하였는데 여주의 좋은 쌀로 만든 맛있는 술이라는 소개와 함께 화요 41%를 한 잔 받았다. 소주의 맛은 거기서 거기라는 생각으로 큰 기대 없이 한 모금 음미하는 순간 처음 느껴 보는 고급스러운 맛에 감탄하고 말았다. 입안 가득 쌀의 고소한 맛과 단맛이 풍부하게 느껴지면서 잘 증류된 술은 이렇게 고급스러운 향을 낼 수 있다는 사실을 알게 되었다. 그날 이후 화요는 내가 가장 즐겨 마시는 술이 되었고, 우리 쌀로 만든 술이기에 마치 밥과 반찬을 곁들여 먹듯 어느 음식과 페어링해도 전혀 이질감을 느낄 수 없었다. 화요 공장이 위치해 있는 여주는 예전부터 맛있는 쌀로 유명한 지역이었다.

[그림 33] 조선시대 4대 나루터, 이포나루터

조선시대는 지금보다 유통망이 열악했기 때문에 한양에서 가까운 경기 지역의 쌀을 진상품으로 받았다. 여주에서는 조선시대 4대 나루터 중 하나인 이포 나루터를 통해 여주쌀과 맛좋은 여주물을 임금님께 진상하였다. 그래서 경기미는 조선시대부터 좋은 쌀이라는 인식이 강했고, 지금도 경기도의 농가에서는 경기미의 품질이 좋다는 인식을 지키기 위해 노력하고 있다. 타 지역에서는 주로 다수확 품종 중심의 벼 재배가 이루어지고 있지만 경기미는 추청, 고시히카리 등 생산량이 적어도 미질이 뛰어난 품종 위주로 생산하고 있다. 그래서 현재의 경기미도 다른 지역의 쌀보다 품질이 좋고 가격이 비싼 편이며, 특히 여주, 이천의 쌀이 맛있기로 유명하다.

[그림 34] 대왕님표 여주쌀

[그림 35] 여주 자채쌀

　여주의 쌀은 지리적 표시제 32호, 이천 쌀은 12호로 지정되어 있다. 여주는 깨끗한 남한강의 물과 좋은 토질이 만나 맛있는 쌀을 생산해 왔고, 특히 자채쌀은 기름진 맛과 질감으로 인해 예전부터 귀하게 여겨졌던 품종의 쌀이다. 조선시대에 남한강의 수운을 활용하여 임금님께 진상했던 여주쌀에 '대왕님표'라는 브랜드를 붙여서 전국 각지로 높은 가격으로 판매하고 있다. 이렇게 품질 좋은 여주의 쌀과 물을 재료로 만든 증류주 화요에는 쌀의 고소한 단맛이 풍부하게 농축되어 고급스러운 맛이 우러나게 된 것이다.

[그림 36] 화요의 완성 단계, 옹기숙성

화요의 맛이 완성되는 단계는 '살아 숨 쉬는 도자기'라고 불리는 옹기에 숙성하여 깊은 맛을 내는 과정이다. 술을 옹기에 숙성하면 잡스러운 맛은 없어지고 깊고 부드러운 맛만 남아 맛좋은 술이 된다. 여주에서 천년이 넘게 선조들로부터 이어 온 도자기 기술로 옹기를 생산하고, 자연이 생산한 좋은 쌀과 물을 재료로 빚어 낸 화요는 사람과 자연이 함께 빚어 낸 조화로운 술이다.

도자기의 고장 여주

여주는 도자기로 유명한 지역이다. 도자기의 주원료인 고령토는 장석이 물과 탄산에 의한 화학적 풍화 작용을 받아 생성된다. 중국의 카오링(高陵) 산에 많이 매장되어 있어 수백 년 동안 채굴되어 도자기 원료로 사용되었다고 한다. 카오링 산의 이름을 따서 우리나라에서는 고령토(高嶺土)로 부르고, 알파벳으로는 kaolin으로 표기한다. 좋은 고령토는 연하고 밝은 색을 띄게 되며 그릇을 만들기에 적합하다.

[그림 37] 고령토

고령토는 순백색 또는 약간 회색이며 높은 온도에서 구워 내면 흰색이 되고, 다른 점토와는 달리 1,300℃ 이상의 고온에도 견딜 수 있어서 도자기를 만드는 데 적합하다. 또한 고령토는 입자 크기가 미세하고 백색을 띄고 있으며 흡수성이 크다는 성질을 가지고 있다. 또한 철분이나 알칼리성 금속이 없어서 화학 작용을 일으키지 않아서 다양한 용도로 사용될 수 있는 유용한 자원이다. 페인트, 잉크, 유기 플라스틱, 화장품, 치약, 제지의 원료로 사용되고 있고, 우리나라에서는 하동군을 중심으로 한 경상남도 서부 지역에 많은 양이 매장되어 있고, 경기도와 강원도 일부 지역에도 분포한다.

[그림 38, 39, 40] 여주 도자기

　기록에 의하면 여주는 고려 초부터 도자기가 제조되었고 조선 초기부터는 본격적으로 도자기 공업이 발달하였다고 한다. 여주 싸리산에 품질이 좋은 고령토, 백토, 점토가 풍부하게 매장되어 있어서 이를 바탕으로 천년이 넘게 도자기 산업을 이어 왔다. 현재 여주에는 전국 최대 규모의 도예촌이 형성되어 있고, 도예가들이 전승 도예를 깊이 연구하면서 청자, 백자, 분청, 와태 등 다양한 종류의 작품과 제기, 화분, 식기, 찻잔과 접시 등 생활 자기를 대량 생산하고 있다. 또한 여주는 매년 도자기 축제를 주최하고, 여러 공방에서 도자기 공정 체험 프로그램을 운영하여 우리나라 도자기 산업을 선도하고 있다.

척박한 울릉도 주민을 위한 자연의 선물

마가목주

척박한 화산섬 울릉도

[그림 41] 경사가 급격한 종상화산의 형태를 보이는 울릉도 해안

　울릉도는 신생대 화산 활동으로 형성된 아름다운 화산섬으로서 한반도 본토와 다른 독특한 자연환경을 지니고 있다. 조면암질 용암이 분출하여 급격한 종상 화산의 형태를 보이고 있으며, 정상부가 함몰되어 형성된 칼데라 분지인 나리 분지만 평지를 이루고 있다. 울릉도를 가려면 울릉도의 산세만큼이나 험준한 파도를 견뎌야 한다. 울릉

도 근해의 수심이 약 2,000m로 굉장히 깊고 물살이 매우 강해서 울릉도를 여행해 본 사람은 심한 뱃멀미의 기억을 하나씩 갖게 된다.

[그림 42] 울릉도의 모습

 울릉도의 자연환경을 기후, 지형, 수자원, 토양 등 여러 가지 측면에서 종합해 보면 인간이 거주하기에는 비교적 척박한 조건이라고 할 수 있다. 동서 길이 10km, 남북 길이 9.5km, 해안선 길이 56.5km의 작은 섬이어서 규모가 큰 하천이 없고 물도 귀한 곳이다. 급격한 산지의 비중이 높아서 농사지을 평지가 적고, 부족한 물로 인해 농업에 불리한 조건을 갖고 있어서, 주곡 작물의 생산량이 매우 적다. 특히 벼농사의 비중이 아주 낮고, 주로 산에서 구할 수 있는 임산자원과 약초가 농업의 많은 비중을 차지하고 있다.

[그림 43] 울릉도 산마늘

　대표적인 울릉도의 특산물 중 하나인 산마늘은 마늘 맛과 향이 나는 나물이어서 산마늘로 명명되어졌지만, 울릉도에서는 명이나물로 주로 불려 왔다. 울릉도의 척박한 농업 환경을 대표하는 상징물이 바로 명이나물이다. 조선시대 식량 생산량이 부족한 울릉도에서 춘궁기가 되면 주민들이 먹을 것이 없어서 명이나물을 먹으며 명을 이어나간 데에서 명이나물이라는 이름이 유래되었다고 한다. 그만큼 울릉도 주민들에게는 없어서는 안 되는 귀한 농산물이었고, 지금은 명이나물의 수요가 많아지면서 강원도 일부 지역과 전라도, 경상도에서도 재배되고 있다. 오늘날 삼겹살과 함께 싸 먹는 명이나물이 한때는 목숨을 부지하기 위한 수단이었다는 사실을 알고 난 후 더 가치 있고 맛있게 느껴진다.

[그림 44] 겨울을 대비한 가옥시설, 우데기

[그림 45] 우데기로 인해 확보된 생활 공간, 축담

울릉도의 기후 조건 또한 인간 거주에 매우 불리하게 작용한다. 급격한 경사에 겨울철 많은 눈이 더해지면 사람들의 생활이 매우 어려워진다. 울릉도의 다설의 원인은 바다효과와 울릉도의 지형에서 찾을 수 있다. 겨울철 시베리아 기단, 오호츠크해 기단 기원의 북풍 계열 바람이 동해안을 건너서 울릉도 쪽으로 이동하면서 바다효과에 의해 수증기를 공급받게 되고, 이 바람이 경사가 급격한 울릉도와 만나게 되면 급격한 상승 기류가 발생하면서 많은 양의 눈이 내리게 된다. 울릉도 근해를 흐르는 동한난류는 바다효과를 강하게 일으키며 울릉도의 많은 강설을 유발하는 역할을 하기도 한다. 눈이 워낙 많이 내리는 울릉도여서 폭설이 내리면 사람 키만큼 눈이 쌓여 집 밖으로 나가지 못하고 고립되는 일이 빈번했다. 울릉도 전통 가옥에서 볼 수 있는 우데기는 싸리나 수수대를 엮어 외벽에 마치 천막처럼 둘러친 독특한 가옥 구조이다. 기본 거주 공간인 방과 부엌, 경우에 따라서는 외양간이나 창고까지 우데기로 둘러치고 출입문을 내어 축담이라는 생활 공간을 확보한다. 우데기로 인해 울릉도의 가옥 안은 굉장히 어둡다는 특징이 있지만 보온 기능이 탁월하여 여름에는 시원하고, 겨울에는 따뜻하여 주거 환경을 개선해 주는 구조물이었다.

[그림 46, 47] 울릉도에서는 사륜구동의 SUV 택시를 흔히 볼 수 있고, 특히 눈이 쌓인 겨울에는 필수적인 교통수단으로 이용되고 있다.

　울릉도는 연 강수량의 약 40%가 겨울에 집중되는 해양성 기후 지역으로서 한반도의 대부분 지역과 다른 기후 특성을 보이고 있다. 울릉도의 척박한 자연환경을 상징하는 상징물을 한 가지 꼽아 보자면 SUV 택시를 들 수가 있다. 경사가 급격한 지형과 많은 강설량이 더해지면 겨울의 울릉도는 짧은 거리도 이동하기 힘든 상태가 된다. 울릉도의 척박한 겨울에 적응하기 위해서는 4륜구동의 SUV가 필수적이어서 힘 좋은 4륜구동 SUV가 택시, 순찰차로 운행되고 있는 모습은 내륙에서는 보기 힘든 독특한 모습이다.

동한난류와 따뜻한 겨울 기온

 울릉도의 척박한 자연 조건에도 주민들이 적응하며 살아올 수 있었던 것은 동한난류의 역할이 크다. 저위도로부터 흘러온 쿠로시오 해류로부터 갈라져 나온 동한난류는 한반도 동해안을 스치듯 흐르다가 울릉도, 독도 쪽으로 방향을 꺾어서 동쪽으로 흐른다. 동한난류의 영향으로 울릉도 주변 해역은 겨울에도 수온이 높고, 울릉도의 최한월 평균 기온은 영상을 유지하며 난대림이 서식할 수 있는 조건이 형성된다.

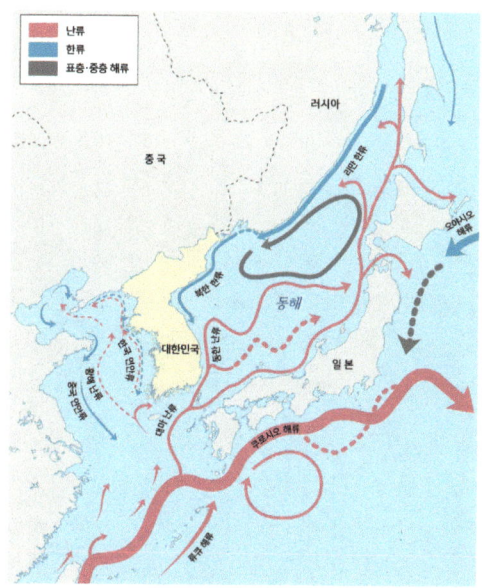

[그림 48] 우리나라 주변 해류 모식도. 쿠로시오 해류에서 기원한 동한난류가 동해의 울릉도, 독도 방향으로 흐르면서 기후 현상에 많은 영향을 끼치고 있다.

    그래서 울릉도의 해안 저지대에서는 난대림의 대표적인 수목인 동백나무와 후박나무를 볼 수 있다. 이 중 울릉도의 군목으로 선정되어 오랫동안 울릉도를 대표하고 있는 나무가 후박나무이고, '후박'이 '호박'으로 잘못 알려지면서 울릉도의 특산물로 '호박'이 유명해지게 되었다는 후문이 있다. 어찌되었든 울릉도의 특산물 호박엿은 기분 좋은 단맛으로 유명해졌고, 울릉도 여행객들의 대표적인 여행 선물 1호가 되었다. 울릉도를 대표하는 경관으로 저동항에 정박하고 있는 오징어잡이 배를 빼놓을 수 없다.

[그림 49, 50] 울릉도 저동항 오징어잡이배

 울릉도는 동한난류와 북한한류가 만나는 조경 수역으로, 어족 자원이 풍부한 곳이고, 특히 오래전부터 오징어잡이를 통해 어민들이 생계를 이어 오고 있다. 오징어 산지에서만 맛볼 수 있는 오징어 내장탕, 통통한 식감과 육즙이 가득 담겨 있는 피데기(반건 오징어)는 울릉도를 대표하는 맛으로 오랫동안 많은 사람들의 사랑을 받고 있다. 울릉도의 척박한 자연 조건을 상쇄시키는 동한난류로 인해 울릉도는 울릉도만의 특산물이 넘쳐나는 풍족한 섬이 되어 많은 사람들이 찾는 관광지가 되었다.

울릉도민의 술 마가목주

울릉도의 특산물 중에 빼놓을 수 없는 중요한 특산물이 한 가지 더 있다. 봄철에 순백색의 향기가 짙은 꽃이 피고, 가을에는 빨간색의 예쁜 열매가 맺는 마가목인데, 마가목은 우리나라가 원산지인 토종 약용수종이다. 울릉도의 고도가 높은 산지에서 흔히 볼 수 있는 수종으로서 관절에 좋은 성분이 풍부하여 울릉도 주민들이 담금주로 만들어 즐겨 마신다.

공장에서 가공되어 예쁜 병에 담겨 판매되는 마가목주도 있지만, 플라스틱 용기에 투박하게 담겨 가격표가 붙어 있는 담금주가 진짜 마가목주라고 생각한다. 주민들이 산지에서 수확하여 담가 먹는 진짜 주민들의 술이기 때문이다. 마가목주의 맛을 한 마디로 표현하자면 오랫동안 오크통에서 숙성 과정을 거쳐 나온 싱글 몰트위스키의 맛과 유사하다고 표현하고 싶다. 기대 이상으로 정말 고급스러운 맛이다. 마가목 가지는 약재로 귀하게 쓰이고, 열매는 sorbitol 성분이 들어 있어서 향이 좋고 신경통에 좋게 작용하여 민간요법으로 많이 쓰였다고 한다.

[그림 51] 마가목주

[그림 52] 마가목꽃

경사가 급한 울릉도의 산지에서 생활을 이어 오고 있는 주민들의 관절 건강을 돕는 마가목주는 척박한 환경을 극복하게 해 준 소중한 자연의 선물이 아닌가 싶다. 호박엿, 명이나물, 오징어, 마가목주와 같은 특산물에 담긴 지리적 특성을 이해해 보는 것이 여행을 즐기는 좋은 방법이다. 울릉도를 제대로 느껴 보고 싶다면 피데기를 버터에 구워서 향긋한 마가목주와 함께 즐겨 보길 권한다.

제주도의 화산 지형과 기후가 만든

고소리술,

미상25

현무암의 섬, 제주도

제주도는 신생대 제3기 말부터 시작된 화산 활동으로 만들어진 섬이다. 열점에서 화산 활동으로 만들어진 화산섬으로서 한반도와는 다른 지질 환경을 가지고 있는 양도(洋島)에 해당한다. 제주도는 복잡한 여러 번의 용암 분출로 형성되었지만 간략하게 제주도의 형성 작용을 정리하면 3단계로 구분할 수 있다. 1단계는 유동성이 큰 현무암질 용암이 분출하여 전체적으로 경사가 완만하고 둥글둥글한 순상 화산체를 형성하는 단계이고, 2단계에서는 중심 분화에 의해 조면암질 용암이 분출하여 경사가 급격한 한라산이 형성되었다. 3단계는 중심 분화가 이루어진 주 분화구가 막히면서 화구호인 백록담이 형성되고, 이후 용암이 주 분화구 옆의 약한 기반을 뚫고 올라와 측화산을 형성하는 단계이다. 제주도의 지표면은 현무암이 90% 이상을 덮고 있어서 각종 현무암의 흔적을 찾을 수 있다. 점성이 작고 유동성이 큰 현무암질 용암이 경사에 따라 흐르며 형성된 용암 동굴, 용암이 찬 공기나 바다와 만나 급속하게 식으며 형성된 육각기둥 모양의 주상 절리, 농경지를 개간하는 과정에서 현무암을 걸러 내 밭의 가장자리에 쌓아 만든 밭담이 대표적이다.

[그림 53] 성산일출봉

　제주도는 2002년 12월 16일 유네스코가 기후 및 생물 다양성의 생태계적 가치를 인정하여 생물권보전지역으로 지정되었다. 또한 가파도, 한라산, 성산 일출봉, 거문오름 용암 동굴계가 학술·문화·관광·생태 등의 가치와 중요성을 인정받아 2007년 6월, 제주 화산섬과 용암 동굴이라는 이름으로 세계자연유산에 등록되었다. 2010년 10월에는 유네스코 세계지질공원네트워크가 제주도 지역을 세계지질공원으로 인증했다.

[그림 54] 거운오름부터 당처물동굴까지 약 13km 길이로 이어지는 용암 동굴계는 그 가치를 인정받아 2007년 6월 유네스코 세계자연유산으로 등재되었다.

코로나 팬데믹이 지속되던 2021년, 신혼여행지로 제주도를 선정하여 제주도와 화산 지형을 더욱 깊숙이 느껴 보기 위해 '용암의 여행'을 콘셉트로 여행 코스를 구성했다. 현무암질 용암의 입장이 되어 용암이 흘러간 경로 그대로를 여행하면서 각종 현무암 기원의 화산 지형이 형성되어 있는 모습을 확인해 보니 더 특별한 시각으로 지형을 관찰할 수 있었다.

[그림 55] 한라산 백록담

여행의 시작은 한라산이었다. 한라산은 해발고도 1947m, 면적 1,829㎢의 화산으로 제주도 면적의 많은 부분을 차지하고 있다. 한라산의 정상에는 화도가 막히면서 지름 약 550m의 화구호인 백록담이 형성되었는데, '하얀 사슴이 물을 먹는 곳'이라는 뜻이다. 백록담이 형성된 이후 용암은 더 이상 중심 분화를 통해 분출할 수 없게 되었다.

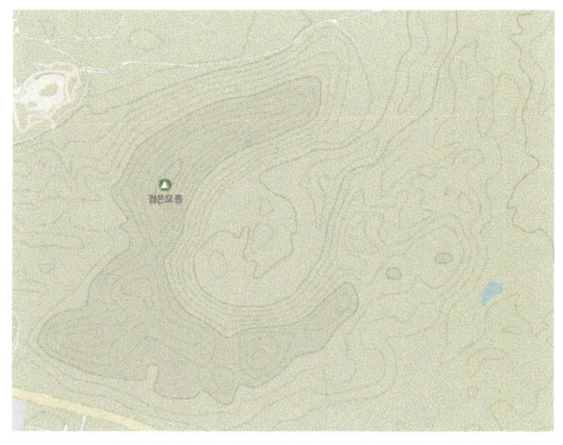

[그림 56] 거문오름 일반도. 용암류가 경사를 따라 흐르면서 말발굽 모양의 지형이 형성된 것이 특징적이다.

이후 중산간의 지질적으로 약한 부분에서 용암이 분출하여 측화산, 기생화산, 오름, 악이라고 불리우는 화산체가 형성되기 시작했다. 제주도에 분포하는 약 368개의 오름 중에서 가장 학술적, 자연유산적 가치가 높은 중요한 오름은 제주시 조천읍 선흘리의 거문오름이다. 그래서 한라산 다음 코스는 거문오름으로 정했다. 거문오름이 중요한 이유는 거문오름으로부터 흘러나온 용암류가 지형 경사

[그림 57] 거문오름

를 따라 3개의 방향으로 용암 동굴계를 형성했기 때문이다. 특히 제1 동굴계인 거문오름~당처물동굴까지는 약 13km 길이에 뱅뒤굴, 만장굴, 김녕사굴, 당처물동굴이 줄지어 이어져 있다. 용암동굴의 규모와 연장 길이, 동굴 생성물 등은 세계적인 수준으로 높은 가치를 지니고 있다고 확인되어 거문오름은 2007년 6월 유네스코 세계자연유산으로 등재되었다.

거문오름은 숲이 우거져 멀리서 보면 검게 보여 검은오름이라고 불리던 것이 유래되어 지금의 이름이 되었다. 제주에서 가장 긴 용암 협곡을 지니고 있는데 오름이 생성될 당시 흘러나온 유동성이 큰 현무암질 용암이 경사 지형을 따라 흘러 나가는 과정에서 형성되어 용암류의 방향과 흔적을 추적할 수 있게 해 준다.

[그림 58] 만장굴

세 번째 코스는 거문오름 용암 동굴계의 대표적인 동굴인 만장굴이다. 원래는 김녕굴과 하나로 이어진 동굴이었으나 동굴 내부를 흐르던 용암에 의해 중간 부분이 막히면서 각각의 동굴로 분리되었다. 만장굴은 총 연장이 약 7.4km, 최대 높이 23m, 최대 폭은 18m이며, 구간에 따라 2층 또는 3층 구조가 발달한다. 제주도에서 가장 규모가 크며 세계적으로도 큰 규모에 속한다. 용암 동굴로는 드물게 동굴 내부의 구조와 형태, 동굴의 미지형, 동굴 생설물 등의 보존 상태가 매우 양호하여 학술적 가치는 물론 경관적 가치도 대단히 큰 동굴로 평가된다.

[그림 59] 불규칙한 모양으로 용암이 굳어서 만들어진 용암 발가락

마치 사람이 누워 있는 듯한 용암 덩어리는 '용암 발가락'이라는 용암 동굴 내의 미지형이다. 만장굴의 상층굴을 따라 흐르던 용암이 상층굴 바닥의 무너진 틈 사이로 쏟아져 내려 하층굴의 바닥을 흘러갈 때 원래 하층굴에서 흐르던 용암 가닥이 겹쳐서 뒤엉키면서 형성되었다. 각각의 용암 가닥은 코끼리의 발가락 형태와 유사하여 '용암 발가락'이라고 불린다고 한다. 당시 용암 가닥이 뒤엉켜서 흐르는 모습을 상상하면서 자연의 신비로움을 경험할 수 있었던 특별한 경관이었다.

　마지막 코스 월정리 해변은 검은색의 현무암과 에메랄드색의 바닷물이 조화를 이루는 굉장히 아름다운 해변이다. 풍광이 아름답기로 유명해지면서 월정리 해변을 찾는 사람들이 늘어났고, 숙박 시설과 카페, 음식점이 즐비하게 되었다. 바다를 바라보며 쉬어 갈 수 있는 오션뷰의 카페가 많고, 해변에 바다를 바라보는 뒷모습을 찍을 수 있도록 의자가 마련되어 있어서 포토스팟으로 유명해졌다. 월정리 해변에는 높은 파도가 지속적으로 들어오기 때문에 서퍼들이 즐겨 찾는 곳이기도 하다. 바람이 많은 제주도의 특징을 담은 풍력 발전기가 돌아가는 모습도 월정리 해변을 더욱 아름답게 만들어 주는 요소이다. 하지만 월정리에서 가장 예쁜 모습은 거문오름계 용암이 흘러와서 바다와 만나 굳어져 있는 바다로 돌출된 현무암이다.

[그림 60] 현무암질 용암이 월정리 해변과 만나 굳어진 모습. 용암이 바닷물과 만나 급격하게 식으면서 절리가 발달했다.

[그림 61] 월정리 투명카약

    월정리 해변에서 투명 카약을 타고 바다를 누비면서 투명한 선체 아래로 용암이 바다와 만나 형성된 독특한 검은 해변을 감상했던 30분간의 시간은 나의 신혼여행의 하이라이트였다. 용암의 여행은 이렇게 월정리 해변에서 끝이 났지만, 여행을 통해 느낀 자연의 경이로움과 그로인한 감동은 쉽게 끝나지 않았다.

용천대와 고소리술

현무암을 기반으로 멋진 경관을 관찰할 수 있는 제주도이지만 한편으로는 주민 생활에 현무암이 큰 걸림돌이 되기도 하였다. 제주도의 토양은 화산회토, 현무암 풍화토가 높은 비중을 차지하고 있다. 화산회토와 현무암 풍화토는 불규칙한 입자의 모양 때문에 공극이 커서 물이 지하로 잘 빠지는 특성을 지니고 있다. 그래서 제주도에서는 물이 지하로 유입되어 흐르는 건천이 발달하였고, 지하수가 다시 지표면 위로 흘러나오는 용천을 따라서 취락이 입지하였다.

[그림 62] 제주시 애월읍 신엄리 노꼬물 용천수. 해안을 따라 용천대가 발달하였고, 물을 이용할 수 있는 용천대에 취락이 발달하였다.

[그림 63] 빗물이 지하로 스며들어 지표수가 부족한 제주도에서는 촘항을 이용하여 빗물을 모아 생활용수로 이용했다.

  용천이 발생한 곳은 해안을 따라 띠 모양으로 분포하기 때문에 용천의 분포 지역을 용천대라고 한다. 제주도에서는 농경지에 물을 고여 놓고 논농사를 짓기에 토양 조건이 적합하지 않다. 그래서 예로부터 제주도의 주민들은 조, 수수 등의 밭작물을 경작하며 생활을 이어오고 있다. 한반도에서는 벼농사를 지어 쌀을 재료로 막걸리를 만들고, 막걸리를 밑술로 이용하여 증류하여 증류식 소주를 만들어 먹었다. 증류식 소주는 일반적으로 40% 이상의 도수이기 때문에 첫맛이 독하게 느껴지지만 가만히 소주의 맛과 향을 음미해 보면 고소하고 단 쌀의 맛이 느껴진다. 제주도에서는 쌀 대신 좁쌀을 빻아서 가루로 오메기떡을 만들고, 오메기떡에 누룩을 배합하여 발효시켜 탁주인 오메기술을 만든다. 현재 오메기떡과 오메기술을 제주도의 농업 환경을 반영한 특산물로 인기가 많아서 제주도 여행 선물로 많이 사 가는 인기 있는 품목이다. 오메기술을 고소리를 사용하여 증류한 제주 지역의 토속 소주가 고소리술이다. 막걸리와 같은 밑술을 증류하여 소주를 내리는 도기를 소줏고리라고 하는데 제주도에서는 소줏고리를 고소리라고 부르고, 고소리로 증류한 술도 일반적으로 고소리라고 부른다.

[그림 64] 제주도 고소리

   고소리술은 쌀의 단맛보다는 쌉싸름하면서 고소한 향이 강해서 내륙의 소주와는 전혀 다른 특별한 맛을 낸다. 좁쌀 특유의 진한 향과 고소한 맛, 40%의 높은 도수 덕분에 기름이 좔좔 흐르는 고소한 제주도 흑돼지 오겹살이나 제철 방어회, 고등어회와 함께 마시면 정말 잘 어울린다. 제주도의 지형과 토질, 기후 환경과 전통이 담겨 있는 술이기에 당연히 제주도 식재료와 좋은 궁합을 보이는 것이 아닌가 하는 생각이 든다.

해산물과 굴의 천국

개인적으로 제주도 겨울 여행을 좋아한다. 겨울에 제주도를 여행하면 빨간 동백꽃이 군락을 이루며 피어 있는 예쁜 모습을 볼 수 있다. 제주도 서남부 모슬포항에서는 10kg이 훌쩍 넘는 거대한 특방어를 부위별로 썰어서 파는데, 고소하고 기름진 맛이 자꾸 생각나서 매 겨울마다 제주도를 방문하게 한다.

[그림 65] 모슬포항 특방어는 참치처럼 가마살, 배꼽살, 뱃살, 사잇살, 몸통살을 부위별로 썰어서 먹는다. 사진의 가운데 보이는 붉은색의 사잇살을 기름장에 찍어 먹으면 소고기 육회와 비슷한 맛을 느낄 수 있다.

방어는 크기가 클수록 맛있어서 한 번 특방어의 맛에 입맛을 들이면 적당한 크기의 중방어나 대방어로는 만족하기가 어려워진다. 성산읍

일대에는 해녀들이 물질로 잡아 올린 신선한 해산물을 즉석에서 판매한다. 갓 잡아 올린 뿔소라 회를 초장에 살짝 찍어 먹으면 입안 가득 제주의 바다향이 퍼지는 특별한 경험을 할 수 있다.

[그림 66] 성산읍에서는 해녀분들이 물질을 하기 전에 제주 민요에 맞춰 준비 운동을 한다. 해녀 물질 공연이라고 부르기도 하는 이 장면을 보기 위해 많은 관광객이 몰려든다.

[그림 67] 해녀들이 갓 건져 올린 뿔소라, 전복, 홍해삼 등을 즉석에서 맛볼 수 있다.

제주도는 최한월 평균 기온이 0℃ 이상인 지역으로서 난대림이 서식할 수 있는 따뜻한 기후 조건을 가지고 있다. 우리나라에서는 가장 위도가 낮은 지역이고, 따뜻한 난류의 영향을 받기 때문에 지금의 기후가 형성된 것이다. 논농사가 어렵고 물을 구하기 힘든 척박한 자연 조건을 가지고 있지만 제주도의 따뜻한 겨울은 자연이 준 선물과도 같다. 제주도의 전통 촌락은 내륙의 촌락 구조와는 다르게 온돌 기능이 없다. 아궁이가 부엌 외벽을 향하고 있는데, 그만큼 겨울 기온이 온화하여 사람들이 생활하기에 좋은 조건을 가지고 있다는 것을 알려 주는 지표이다.

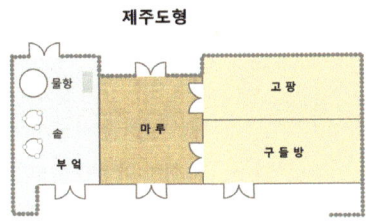

[그림 68] 제주도는 온화한 겨울 기온 때문에 난방 기능을 사용하지 않고 부엌의 아궁이가 외벽을 향해 있는 것이 특징이다. 여름철의 고온 다습한 기후 환경으로 인해 고팡에서 항아리에 곡식을 넣어 신선도를 유지하며 보관하였다.

    제주도의 온화한 기후 덕분에 제주도에서는 과수 재배가 발달하였다. 특히 서귀포에서는 오래 전부터 감귤을 생산해 왔고, 최근 들어 한라봉, 오렌지, 레드향, 천혜향 등 사람들의 수요에 따라 다양한 과일을 재배하고 있다. 제주 신례리에서는 감귤들 중에서 맛은 좋지만 크기가 너무 크거나 작아서 상품성이 떨어지는 것들이 그냥 버려지는 것이 너무 아까워서 어떻게 상품화시킬지 고민했고, 고민 끝에 감귤로 술을 빚기 위해 농업회사법인을 만들었다.

[그림 69] 신례리 마을의 140여 농가들이 마음을 모아 만든 농업회사법인 ㈜시트러스의 외경

[그림 70] 제주 감귤 농사를 짓기 위해서는 서른 번이 넘게 손이 간다.

[그림 71] 미상25 발효하는 모습. 제주감귤 100% 원재료만으로 감귤주를 생산하고 있다.

[그림 72, 73] 미상25 제작 공정 모습. 월 20만 병의 술을 생산할 수 있는 대규모 설비를 갖춰 전통 제조 기법의 현대화를 위해 노력하고 있다.

정성껏 키운 감귤의 맛을 살리기 위해 연구 개발을 지속하였고, 마침내 맛있는 감귤주를 생산하게 되었다. 제주감귤을 100% 착즙해 그대로 발효한 후 저온으로 숙성한 혼디주, 감귤 발효 원액의 맑은 부분을 증류하여 만든 미상25, 감귤 발효주를 두 번 증류한 후 1년간 참나무통에 숙성시켜 깊은 맛과 향으로 완성한 감귤 브랜디 신례명주, 이 세 가지 감귤주가 현재 생산되고 있다.

[그림 74, 75] 미상25. 감귤 발효 원액의 맑은 부분만 분리한 후 증류하여 맑고 깔끔한 맛이 특징이다.

　신례리의 감귤은 충분한 일조량과 시원한 해풍을 품고 있어 과육이 단단하고 향이 풍부하기로 유명하다. 좋은 감귤로 만든 미상25는 상큼한 감귤의 향이 은은하게 느껴지는 맑고 향긋한 술이다. 특히 회와 함께 마셨을 때 미상(味上)의 의미처럼 서로의 맛의 위상을 높여 주는 상승 작용이 일어나게 된다. 제주감귤의 부가 가치를 높이기 위한 감귤 농가의 마음과 제주도의 따뜻한 기후 조건, 청정한 자연환경이 합쳐져서 완성된 미상25는 신례리 주민과 자연이 함께 만들어 낸 걸작이다.

지리산의 정기를 모아 만든

구례 산수유
막걸리

민족의 영산 지리산

지리산은 민족의 영산이다. 조선후기 실학자 신경준이 쓴 《산경표》에 따르면 백두 대간의 기점인 백두산에서 기(氣)가 샘솟아 나와 백두 대간을 타고 흘러 기가 모이는 지점이 바로 지리산이다. 우리 조상들의 전통적인 산지 인식 체계를 확인할 수 있는 자료는 신경준의 〈산경도〉이다. 〈산경도〉에서는 산지를 따라 기가 흐른다는 산지 인식 체계가 반영되어 모든 산줄기가 하나의 선으로 연결되어 있고, 산지 사이사이에 하천의 유역이 구분되어 있어서 산지가 분수계 역할을 한다. 수계를 중심으로 생활권을 파악하고 산줄기에는 기가 흐른다고 인식한 내용을 통해 우리 조상들이 물줄기와 산줄기의 흐름을 얼마나 중요하게 여기면서 생활해 왔는지 알 수 있다. 조상들이 자연을 대하는 태도를 확인할 수 있다. 특히 지리산은 민족의 영산이라고 불리우는 산으로서 한때 우리나라 최고의 관광지로 사랑받던 산이었다. 지금은 교통과 통신의 발달, 국민 소득의 증가로 해외여행이 급증하였지만, 불과 30년 전만 하더라도 대표적인 신혼여행지 중 하나가 지리산이었다. 지리산의 형태상의 특징은 흙으로 이루어진 흙산이어서 산세가 완만하고 전라남도, 전라북도, 경상남도에 걸쳐서 무려 484㎢의 넓은 면적을 차지하고 있다는 것이다. 시·원생대부터 있었던 편마암이 주 기반암을 이루고 있어서 오랜 시간 풍화·침식 작용을 받아 기반암이 으스러져서 흙산을 이루게 되었다. 두꺼운 토양층이 형성되어 있고 이를 바탕으로 식생의 밀도가 높은 것이 지리산을 비롯한 흙산의 특성이다. 우리나라에서는 지리산과 덕유산이 가장 대표적인 흙산이다.

[그림 76, 77] 흙산(위)과 돌산(아래). 위 사진은 우리나라의 대표적인 흙산 지리산이고 아래 사진은 기암괴석이 아름다운 경치를 이루고 있는 설악산이다.

반면에 돌산은 중생대 지각 변동으로 인해 화강암이 관입하여 형성된 암석이 기반암을 이루고 있기에 토양층이 얇고 식생의 밀도가 낮은 것이 특징이다. 대신 돌산은 산 정상부에서 암석이 지표면 위로 노출되어 기암괴석을 이루고 있고, 식생과 암석이 적절히 조화를 이루어서 경치가 아름다운 산이 많다. 대표적인 우리나라의 돌산으로는 설악산, 금강산, 북한산, 관악산을 들 수 있다.

산동 산수유 마을

　지리산 자락의 전라남도 구례군은 특산물로 산수유가 많이 생산되는 지역이다. 특히 구례군 산동면은 산으로 둘러싸인 분지 지형으로, 전체 면적 중 임야가 82.8%에 달하는 전형적인 산간 마을이다. 경작을 할 만한 평지가 부족했기 때문에 산동면 주민들은 집 주변, 마을 어귀, 산간 계곡, 산등성이 등 자투리땅마다 산수유를 심어 재배하였다. 지금은 전국 생산량의 약 70%를 차지하는 우리나라 최대의 산수유 생산지로, 산수유는 지역 주민들의 생계 수단이 되고 있다.

[그림 78] 노란색의 예쁜 산수유 꽃은 '영원불변의 사랑'이라는 로맨틱한 꽃말을 가지고 있어서 구례에서는 연인에게 선물하는 대표적인 꽃이다.

[그림 79] 가을이 되면 붉은 색의 통통한 산수유 열매가 맺힌다. 이 열매가 산동마을 사람들의 중요한 소득원이 되고 있다.

2015년 조사에 따르면, 산수유는 산동면 전체 가구의 46.3%인 총 713농가에서 재배되고 있으며, 269ha 면적에서 약 9만 5,400주가 재배되면서 군락지를 형성하고 있다. 산수유나무 한 그루당 최대 36kg까지 열매를 수확할 수 있는데, 이는 약 100만 원의 소득을 창출하여 과거에는 대학나무라 불리기도 하였다. 산동면에서 산수유가 재배되기 시작한 것은 삼국시대부터로 알려져 있고 이와 관련된 설화가 《세종실록지리지》, 《동국여지승람》 등에 서술되어 있다. 약 1,000년 전 중국 산둥성(山東省)의 한 처녀가 구례로 시집올 때 고향을 추억하기 위해 산수유를 가져다 심었다는 이야기가 전해지고 있으며, 이를 근거로 '산동'이라는 지명이 생겼다고 한다. 실제로 산동면 계척마을에는 산수유 시목(始木)으로 알려진 수령 1,000년의 할머니나무가 있으며, 주민들은 해마다 이 나무에 풍년을 기원하는 제사를 지내고 있다.

산수유 가공은 불순물 제거 작업, 열매의 수분을 없애는 반건조 작업, 열매의 과육과 씨앗을 분리하는 제핵(除核) 작업, 다시 건조 작업으로 진행된다. 특히 제핵 작업은 산수유 농업에서 가장 손이 많이 가고 힘든 작업으로, 과거에는 반건조된 산수유를 밥상에 쌓아 두고 겨우내 열매를 입에 물고 앞니로 까는 방식으로 씨를 제거하였다. 산동면의 처녀들은 어릴 때부터 앞니를 사용하여 입에 산수유 열매를 넣고 과육을 분리하는 제핵 작업을 계속하다 보면 앞니가 많이 닳았다. 그래서 산동 지역의 여자들은 한눈에 알아보기 쉬웠다고 한다. 몸에 좋은 산수유를 평생 입에 넣은 산동 처녀는 건강하다는 인식이

심어져서 주변 지역에서 산동처녀와 결혼하는 것을 선호했다는 이야기가 전해지고 있다. 산수유 꽃의 꽃말은 '영원불변의 사랑'이어서 구례에서는 연인에게 산수유 꽃을 선물하는 풍습이 전해진다. 그만큼 구례는 산수유를 많이 생산하고 많이 사랑하는 산수유의 고장이라고 할 수 있겠다.

[그림 80] 산동마을 산수유축제. 산수유 꽃이 구례 곳곳에 피어 있어서 어디서부터 어디까지가 산동마을인지 구분하기 어렵다.

　산골마을의 경작지 부족을 극복하기 위해 주거지와 경작지 주변 공한지에 형성된 산수유 군락지는 농업 활동과 일상생활의 배경이 되면서 독특한 농업 경관을 보여 준다. 봄의 노란 꽃, 여름의 푸른 잎, 가을의 붉은 열매, 겨울의 하얀 눈과 붉은 열매의 조화 등 사시사철 탁월한 농업 경관을 선사해 준다. 특히 마을과 산천을 노랗게 뒤덮은 산수유꽃 경관은 전국에서 수많은 상춘객을 불러 모은다. 3월 중순이 되면 구례군 일대에서 노란 산수유 꽃이 흐드러지게 피어 장관을 이루게 되고, 산수유 축제가 열린다. 봄의 정취를 느낄 수 있는 우리나라의 대표적인 봄꽃 축제 중의 하나가 산동마을 산수유 축제이다. 축제의 가장 대표적인 프로그램은 산수유 열매까기 대회이다. 입으로 산수유를 까던 옛 산동 여인들의 방식으로 산수유를 까는 사람은 별로 없지만 그 전통을 이어받아 종이컵 1개 분량의 산수유를 빨리 까서 과육과 씨를 분리해 내면 산수유 제품을 시상품으로 받을 수 있다. 노란 산수유 꽃으로 예쁘게 꾸며진 산수유 꽃길 걷기 체험과 산수유 떡, 산수유 술 만들기 프로그램에 참여하면 산수유를 마음껏 즐길 수 있다. 산동마을의 산수유 농업은 경작지가 부족한 산간마을 농부들이 생계를 이어 가기 위해 선택한 지혜의 산물이다. 수령 100년 이상의 산수유 1,000여 그루가 군락을 이루어 사시사철 빼어난 경관을 자랑하고, 현재까지도 전통 농법과 다양한 농경 문화가 전승되고 있다. 주민의 생계 안정에 기여하면서 농업 생물 다양성을 보전하고 있는 구례 산수유 농업은 미래 세대에게 전해 주어야 할 소중한 농업 유산이다.

구례 산동 산수유 막걸리

　지리산 화엄사는 백제 성왕 22년(544년) 인도에서 온 연기조사가 대웅상적광전과 해회당을 짓고 창건 후, 백제 법왕(599년) 때 3천여 명의 승려들이 화엄 사상을 백제 땅에 꽃피웠다. 임진왜란(1592~1598년)때 호남의 관문 구례 석주관에서 승병 300여 명을 조직하여 왜군에 맞서 싸웠으나 이에 대한 앙갚음으로 왜군에 의해 전소되었다. 인조(1630~1636년) 때 대웅전 등 몇몇 건물을 중건하고, 숙종(1699~1703년) 때 각황전을 비롯한 웅장한 건물들을 건립하여 오늘날에 이르고 있다.

[그림 81] 사적 제505호 구례 화엄사 각황전. 단풍과 어우러져서 멋진 경관을 연출하고 있다.

화엄사는 규모가 웅장하고 유서 깊은 불교문화의 요람으로 유명한 사찰이다. 지리산에서 풍수지리상 가장 좋은 명당에 위치하고 있고, 지형적으로 보면 구례 선상지의 선정에 위치하고 있다는 특징을 가지고 있다. 화엄사 입구에는 화엄사를 찾는 관광객들을 위한 음식점이 모여 화엄사 음식특화거리를 형성하고 있다. 산채정식, 재첩국, 버섯전골, 지리산 흑돼지, 산채전 등 지리산의 유명한 식재료를 활용한 다양한 음식이 판매되고 있다. 그중 지리산을 갈 때마다 찾아가는 단골 식당이 있는데 주인아주머니의 음식 솜씨와 인심이 좋으셔서 매번 풍족하고 맛있게 지리산 음식을 즐길 수 있다.

[그림 82] 화엄사 음식특화거리 관광식당의 감자전. 정말 맛있다. 관광객이 예전보다 많이 줄어서 저녁 7시가 되면 일찌감치 문 닫는 식당이 많은 것이 안타깝다.

감자전을 주문하면 주방 쪽에서 사그작 사그작 감자 가는 소리가 한참 동안 들린다. 다른 재료 없이 감자를 넉넉하게 강판에 갈아서 접시보다 훨씬 크게 담아 주신 감자전의 맛은 정말 고소하고 담백하다.

산채전은 지리산에서 채취한 산나물과 버섯이 풍부하게 들어가서 지리산의 맛이 담겨 있다. 감자전과 산채전을 주문하고 딸기우유 색깔의 산수유 막걸리를 곁들이면 최고의 조합이 이루어진다.

[그림 83] 산채전과 산수유막걸리, 지리산에서 생산한 재료로 만든 지리산을 대표하는 맛이다.

산수유 막걸리는 산수유의 새콤하고 쌉싸름한 맛이 달달한 막걸리 맛에 더해져서 밸런스가 좋은 조화로운 맛이다. 막걸리에 아스파탐과 같은 감미료의 단맛이 너무 강하면 조미료를 많이 넣은 음식처럼 뒷맛의 개운함이 없어지고, 그렇다고 감미료가 첨가되지 않으면 맛이 밍밍한 경우가 많다. 산수유 막걸리는 달달한 쌀막걸리의 맛에 산수유의 새콤한 맛과 쌉싸름한 맛이 은은하게 더해져서 맛이 밸런스가 잡힌 맛있는 막걸리이다. 개인적으로 가장 맛있다고 생각하는 애정하는 막걸리이다. 따뜻한 봄이 시작되는 3월에 산수유 마을에서 산수유 축제를 즐기고 화엄사와 지리산의 좋은 기운을 느끼며 산수유 막걸리를 맛보는 것은 봄을 즐기는 나만의 방법이다.

서래봉이 만들어 준 인연

정읍 서래연

우리나라 대표 곡창 지대 호남평야

　호남평야는 전라북도 서부에 있는 한반도 최대의 평야로, 하천의 하류에 퇴적물이 퇴적되어 형성된 충적 평야이다. 행정구역으로는 전주, 익산, 군산, 정읍, 김제 등 5개 시와 부안, 완주, 고창 등 3개 군이 포함된다. 호남평야 안에서도 동진강 유역에 펼쳐진 평야를 김제평야, 만경강 유역에 펼쳐진 평야를 만경평야라고 부르기도 한다. 호남평야의 면적은 3,500㎢에 달하며, 전라북도 면적의 약 3분의 1을 차지한다. 큰 면적만큼 전국 최대의 곡창 지대이며 벼를 주로 재배하여 논의 비중이 높은 국내 최대의 쌀 생산지이다. 호남평야는 경관상으로 매우 평탄하고 단조로우나 지형의 구성이 복잡하다. 침식(浸蝕), 하성(河成), 해성(海成) 등 복합적 요인으로 형성되었다. 호남평야의 형성 과정을 단순하게 설명하자면 최후빙기와 후빙기의 해수면 변화에 따른 침식 작용과 퇴적 작용으로 구분하여 설명할 수 있다. 빙기 때 기온이 낮아지면 빙하가 녹아서 해수로 공급되는 양이 감소하게 되면서 해수면이 하강하게 된다. 해수면이 하강하면 침식 기준면이 낮아지면서 하천의 하류에서는 하천의 위치 에너지가 증가해서 하방 침식력이 커지게 되고, 그로 인해 침식 작용이 일어나게 된다.

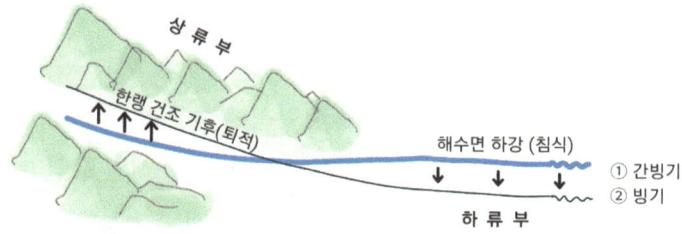

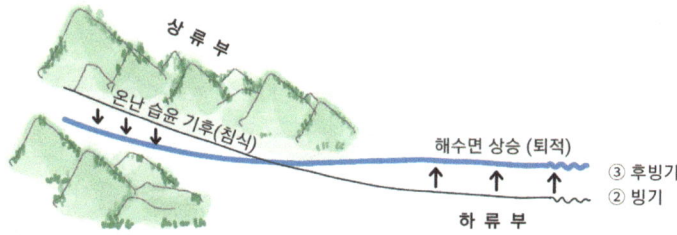

[그림 84] 기후 변동에 따른 지형 형성 작용. 빙하기(위)와 후빙기(아래)에 하천의 상류부, 하류부에서 각각 다른 지형 형성 작용을 일어난다.

 빙기 때는 강수량이 적고 기온이 낮으며 하천 하류에서 일어나는 침식 작용에 의해 농사지을 평야 지대가 감소하게 되어 농업에 매우 불리한 조건이 형성된다.

 하지만 빙기가 끝나고 후빙기가 되면 점차 농업을 위해 필요한 조건들이 갖춰지게 된다. 기온이 상승하고 강수량이 증가하며, 빙기에 침식 작용을 받았던 하천의 하류부에서 퇴적 작용이 일어나게 된다. 강수량의 증가로 인해 하천의 상류에서 퇴적물의 침식, 운반 작용이 증가하게 되면서 하천 하류로 공급되는 퇴적물의 양이 급증하게 된다. 하천의 하구에서는 해수면의 상승으로 인해 파랑 에너지가 하천

퇴적물을 밀어붙이는 힘이 증가하게 되면서 하천의 하류에서는 퇴적 작용이 증가하게 되는 것이다. 후빙기 하천 하류부에서 퇴적 작용이 증가하게 되면 기존에 침식 작용을 받아서 움푹 파였던 지형에 상류에서부터 내려온 퇴적 물질들이 쌓이게 된다. 오랜 시간 동안 이러한 퇴적 작용이 누적되면 현재의 충적 평야가 형성되고 논으로 개간되어 벼농사가 이루어지게 되는 것이다.

황해안은 완만한 평야가 바다까지 이어지기 때문에 수심이 얕고 조수 간만의 차가 크다. 또한 호남평야에서는 만경강과 동진강이 갯벌의 재료가 되는 점토질의 퇴적물을 꾸준히 공급해서 호남평야의 서쪽 해안 지형에는 갯벌이 넓게 발달하였다. 연대를 알기 힘든 오래전부터 갯벌에서 간척 사업에 의해 농지가 조성되면서 호남평야의 면적은 꾸준히 확장되어 왔다. 1920년대~1930년대에는 일제의 토지 회사와 자본가들이 호남평야의 농경지를 점유하였고, 산미 증진 계획의 일부로 회현면, 광활면 등이 간척되었다. 1963년에 시작된 간척 사업은 1979년에 완공되어 계화도지구에 대단위 농업종합개발사업이 이루어졌다.

[그림 85] 계화도 간척지는 섬진강 댐이 완공되어 발생한 2,786세대의 수몰민을 위해 조성된 간척지이다. 섬이었던 계화도와 육지인 부안군을 잇는 방조제가 건설되고 그 사이가 간척되면서 광활한 농경지를 얻었던 당시 최대의 간척지이다.

논은 그 자리에 그냥 존재하는 것이 아니라 빙기, 간빙기(후빙기)의 교대와 그로 인한 침식, 퇴적 작용의 산물이라고 할 수 있겠다. 기후 환경과 지형 형성 작용이 복합적으로 작용하면서 우리의 주곡 작물인 쌀 생산 조건이 완성되는 과정을 되짚어 보면서 자연의 고마움을 다시금 느끼게 된다. 그래서 지리를 공부하고 알아 가면서 농경지가 개발되는 모습을 보면 자연의 걸작이 훼손되는 것 같아 마음이 불편해진다. 농경지를 필요에 따라 개발하는 대상으로 여기는 환경 가능론적인 생각에서 벗어나 자연이 오랜 기간 기후 현상과 지형 형성 작용을 일으키면서 만들어 낸 작품이라는 생각을 갖고 자연과의 조화를 추구해야 하겠다.

내장산의 좋은 기운을 받아 만든 약주

어느 토요일, 일상의 스트레스가 유난히 심했던 날이 있었다. 원래 계획적인 성격으로, MBTI 검사를 해 보면 항상 계획형 J가 결과로 나왔던 나이지만 그날은 왠지 즉흥적인 여행을 떠나고 싶어졌다. 한적한 시골에서 좋은 공기를 마시고 맛있는 음식을 먹으며 일상의 스트레스를 벗어나 힐링을 하고 오는 콘셉트의 여행 장소를 물색하던 중 동료 선생님으로부터 추천받은 맛있는 음식이 생각나서 전라북도 정읍을 여행지로 결정하였다.

[그림 86] 서래연의 패키지에는 내장산의 단풍이 예쁘게 표현되어 있다. 이름과 맛과 패키지가 모두 예쁜 서래연이다.

[그림 8기] 전국 각지에서 단풍 구경을 위해 사람들이 몰려드는 내장산에서도 가장 아름답기로 유명한 내장산 단풍 터널

정읍에 정말 맛있는 음식이 있다면서 강력하게 추천 받았던 음식은 그 이름도 생소한 '튀김갈비매운탕'이었다. 사실 튀김과 갈비와 매운탕이 하나의 음식을 이룬다는 것이 어색하게 느껴져서 별로 관심을 두지 않았었지만, 정읍에서 내장산의 좋은 기운을 받으며 힐링을 해 보고 싶어서 바로 정읍으로 출발하게 되었다.

[그림 88] 튀김갈비매운탕은 고기튀김, 갈비, 각종 버섯과 야채가 매콤한 국물과 어우러진 정읍에서만 맛볼 수 있는 특별한 음식이다. 맵기 조절이 안 되기 때문에 매운 음식을 못 먹는 사람들은 마음의 준비를 단단히 하고 먹어야 한다.

튀김갈비매운탕과 어울릴 만한 술을 곁들이고 싶어서 수소문해 본 결과 '서래연'이라는 약주가 정말 맛있다고 추천을 받았다. 내친김에 서래연을 생산하는 한국술도가 양조장을 방문하여 서래연이 어떤 술인지 설명을 듣고 만들어지는 과정을 살펴보았다. 역사와 전통이 깊은 술은 아니지만 쌀누룩과 정읍 지역에서 가장 품질 좋은 정읍 단풍 미인쌀을 재료로 만들어서 맛이 좋다는 사장님의 자부심 담긴 설명을 들으며 기대감이 높아졌다. 내장산 서래봉 아래에 위치한 양조장에서 내장산의 좋은 기운이 느껴지는 새벽에만 서래연을 생산한다는 점과 '서래봉이 만들어 준 인연'이라는 뜻을 담아 술 이름을 지었다는 점에서 서래연이 특별하게 느껴졌다. 튀김갈비매운탕과 서래연을 곁들여 본 저녁 식사는 정말 최고였다. 튀김갈비매운탕에는 고기 튀김과 갈비, 신선한 야채와 버섯을 풍성하게 넣어 매콤하게 끓여 낸 매운탕이었는데, 그 자극적인 매운 맛으로 인해 일상의 스트레스를 순식간에 날려 버릴 수 있었다. 매운 양념이 잘 배어 있는 갈빗살과 목이버섯을 함께 먹으면 더 맛있게 즐길 수 있다.

[그림 89] 서래연을 곁들인 저녁식사. 깔끔한 맛으로 음식의 풍미를 높여 주는 좋은 술이다.

본래 약주에서 느껴지는 누룩향을 싫어해서 약주를 즐기지는 않았지만 서래연은 쌀누룩을 사용해서 전형적인 누룩의 향 대신 깔끔한 쌀 맛이 느껴지는 맛있는 약주였다. 튀김갈비매운탕의 맛을 더 풍성하게 느끼게 해 주는 좋은 술이었다. 서래봉이 맺어 준 인연이라는 뜻처럼 처음 가 본 정읍에서 좋은 음식과 함께 마시며 좋은 추억을 남겨 준 고마운 술이다. 맛있는 음식과 지역의 전통주를 즐기며 소박하지만 마음이 편안해지는 힐링의 시간이었다.

장소 마케팅의 사례: 쌍화차 거리

정읍 도심 한가운데에 '쌍화차 거리'라고 써 있는 쌍화차 옹기 모양의 조형물이 있다. 진한 한약재 향이 거리를 가득 메우고 있어 향만 맡아도 건강해지는 느낌이 생긴다. 쌍화차 거리에는 40년을 훌쩍 넘긴 쌍화탕 찻집이 여러 곳 성업 중이고, 각종 한약재를 넣어 건강하게 끓여 낸 정통 쌍화탕을 판매하고 있다.

[그림 90] 정읍 쌍화차 거리. 거리에 건강한 쌍화차의 향이 가득해서 조형물이 없어도 쌍화차 거리임을 쉽게 알 수 있다.

쌍화차 거리에서 가장 외관이 예쁘고 진한 한약재 향을 풍긴 모두랑 쌍화탕 집에서 쌍화탕을 주문했다. 잠시 후 찻잔째 끓여 내서 뜨거워진 곱돌 찻잔에 대추, 밤이 보글보글 끓고 있는 쌍화탕이 나왔다. 옛 드라마에서 쌍화차에 달걀노른자를 띄워 먹는 장면을 봤던 기억이 떠올라서 혹시 달걀노른자가 들어 있는지 사장님께 여쭤봤다가 핀잔을 들었다. 9시간 동안 끓여 낸 몸에 좋은 진짜 쌍화탕이어서 보약이나 다름없다고 힘주어 말씀하시는 어조에서 사장님의 쌍화탕에 대한 진심이 느껴졌다.

[그림 91] 모두랑 쌍화탕. 40년이 넘게 쌍화탕의 전통을 이어 오고 있는 맛집.

쌍화탕은 직접 주문 제작하여 만들었다는 뜨거운 곱돌 찻잔 때문에 쉽게 마실 수가 없었다. 대추와 밤을 건져 먹다 보니 진한 국물도 조금씩 식어서 맛볼 수가 있었는데 사장님의 자부심에 걸맞은 건강한 맛이었다. 스트레스 해소를 위한 힐링 여행지 정읍에서 쌍화탕을 마시며 몸의 힐링도 얻어 갈 수 있었던 좋은 시간이었다.

천혜의 자연을 품은

평창 감자술

대관령의 맛: 오삼불고기

　무더운 한여름이 되면 사람들이 피서를 위해 산과 계곡, 바다로 여행을 떠난다. 서핑의 성지 양양 서피비치, 뼛속까지 시원해지게 하는 단양의 석회 동굴, 대도시 호텔에서 즐기는 호캉스 등 우리나라에는 더위를 피할 수 있는 다양한 피서지가 있다. 그중에서 개인적으로 가장 좋아하는, 그리고 최고의 피서지라고 생각하는 곳은 강원도 평창의 대관령이다. 대관령은 해발 고도 700m 이상의 고위 평탄면이 넓게 펼쳐진 곳으로서 한여름 평균 기온이 22~23℃인 서늘한 곳이다. 그래서 특정한 스팟을 가지 않더라도 대관령 자체가 하나의 피서지가 되는 매우 특별한 곳이다. 태백산맥 중간에 위치하여 영서지방과 영동지방의 경계를 이루고 있는 대관령은 예로부터 서울에서 동해안으로 가기 위한 관문이었다. 그래서 영서지방의 내륙 문화와 영동지방의 해안지역의 문화가 융합된 독특한 문화를 지닌 곳이다.

　대표적인 사례를 음식 문화에서 찾아보자면 오삼불고기를 들 수 있다. 영서지방의 돼지고기와 영동지방에서 공수한 오징어가 만나 오묘한 조화를 이루는 대관령의 특징적인 음식이 바로 오삼불고기다. 오삼불고기는 1970년대 초 낡고 허름한 식당에서 우연히 탄생하게 된 음식이라고 전해진다. 당시 냉장고가 없어서 아이스박스에 오징어를 보관하며 판매하던 식당 주인아주머니가 오징어가 변색된 모습을 보고 낙담했다. 이 모습을 본 식당 주인의 어머니가 오징어에 고추장 양념을 발라서 연탄불에 구워 보면 괜찮지 않겠느냐고 제안했다. 이 고추장 오징어 구이의 맛이 아주 좋아서 손님들의 반응이 좋았고, 많은 손님들로 북적이는 맛집으로 발전하게 되었다. 이후 메뉴 개발과 전문가의 고증 과정을 거쳐서 지금의 오삼불고기가 되었다고 한다. 안타깝게도 현재 많은 식당에서 외국산 돼지고기와 오징어를 재료로 사용하고 있지만, 오삼불고기가 대관령의 지형적 특성을 담고 있는 특별한 음식이라는 사실은 변하지 않는다.

[그림 92, 93] 평창의 지리적 특성을 담은 음식, 오삼불고기

대관령 고위 평탄면과 고랭지 농업

한반도의 산지가 형성된 결정적인 요인은 신생대 제3기 마이오세에 있었던 경동성 요곡 운동이다. 중생대 한반도에 있었던 지각 변동이 끝난 이후부터 신생대 제3기 마이오세까지 오랜 기간 동안 한반도는 평탄화 작용을 받았고, 평탄화된 한반도가 동해안 해저 지각에서 발생한 정단층 현상에 의해 지층이 뒤틀리는 비대칭 요곡 운동에 의해 주로 한반도 동쪽에 높은 산지가 형성되어 1차 산맥(태백산맥, 소백산맥, 함경산맥, 낭림산맥, 마천령산맥)을 이루고 있다. 이 과정에서 평탄화 작용을 받은 평탄한 면이 융기하여 높은 곳에 위치하고 있으면 이를 고위 평탄면이라고 부른다.

[그림 94] 대관령 양떼 목장. 대관령은 강수량이 풍부하고 겨울의 적설량이 많아서 연중 습윤한 토지 환경에서 초지를 조성하기에 유리하다. 안개 낀 날씨가 운치를 더하고 있다.

고위 평탄면은 사람들에게 많이 이용되고 있는 아주 유용한 지형이다. 높고 험준한 산지에는 농사를 지을 수 있는 논이나 밭이 부족하기 마련이다. 이런 산지 중간 중간에 평평한 면이 있다면 사람들이 밭으로 개간하기에 아주 좋은 땅일 것이다. 해발 고도가 높아서 여름 기온이 서늘한 기후 특성 때문에 고위 평탄면에서는 여름에 평지에서 재배하기 힘든 배추, 무, 감자, 양배추와 같은 냉량성 작물을 많이 재배하고 있다. 그래서 고위 평탄면에서 이루어지는 농업을 고랭지 농업이라고 부른다.

[그림 95] 대관령 고랭지 배추는 알이 크고 싱싱하여 품질이 좋기로 유명하다.

　여름에는 희소성이 높은 냉량성 작물을 재배하고 겨울에는 바람이 잘 부는 산지의 특성을 활용하여 동해안에서 가져온 명태를 말리는 황태덕장으로 이용되고 있어서 주민 생활에 많은 도움을 주고 있는 지형이 고위 평탄면이다. 최근 들어서는 지구 온난화의 영향으로 농작물 재배의 북한계선이 북상하면서 기존에는 재배 조건이 맞지 않았던 사과를 비롯하여 산양삼, 산마늘, 오미자의 재배를 평창군에서 장려하고 있다.

[그림 96] 평창사과

아직까지는 평창 사과의 인지도는 낮은 편이지만 품종 개량과 연구를 통해 다른 지역의 사과와 비교했을 때 경쟁력을 갖춘 맛있는 사과가 많이 생산되고 있어서 앞으로 사과 주산지가 될 것을 기대하고 있다. 2018년 평창 올림픽과 KTX 개통으로 인해 평창 지역은 많은 변화에 직면하고 있다. 서울, 강릉과의 교통이 좋아지면서 고랭지 농산물의 인지도가 높아지고 판매량이 급증하고 있다. 또한 귀농과 귀촌이 증가하고 관광객이 증가하여 경관과 산업 구조가 급격히 변화하고 있다. 이런 변화에도 고위 평탄면의 가치와 청정한 자연환경이 변함없이 유지되길 바란다.

강원도 화전민의 술

[그림 97] 평창 감자술

초등학생 때 강원도에서 전학 온 친구의 별명은 감자였다. 이름에 ㄱ과 ㅈ이 들어가서 감자이기도 했지만, 강원도 출신이라는 이유가 더 컸던 것으로 기억한다. 감자는 강원도를 상징하는 상징물이자 곡물 생산량이 부족했던 강원도 산간지역에서는 생계를 이어 가게 해 주는 구황 작물이었다.

[그림 98] 평창 감자

감자의 원산지는 남아메리카 안데스산맥의 고원 지대이다. 안데스 산맥의 잉카제국에서는 감자를 말려서 식량이 부족할 때를 대비하기도 했다고 한다. 우리나라에 감자가 유입된 경로와 시기에 대해서는 여러 가지 가설이 있는데, 이규경의 《오주연문장전산고》에 의하면 조선 순조 때 청나라 사람에 의해서 전해졌다고 기록되어 있다. 함경도에 산삼을 캐기 위해 몰래 국경을 넘어 들어온 청나라 사람이 산속 깊은 곳에 몰래 감자를 심어서 식량으로 사용했던 것이 우리나라 감자 재배의 시초가 되었다고 한다.

[그림 99, 100, 101] 감자술의 재료 – 멥쌀, 감자, 누룩

감자는 생육 기간이 짧고 수확량이 많으며 칼륨과 인산이 많이 함유되어 있다. 감자의 인 함량은 근채류 중 제일 많고, 비타민C도 풍부하여 영양학적으로 매우 우수한 알칼리성 식품 중의 하나이다. 풍부한 영양분과 까다롭지 않은 재배 조건으로 인해 감자가 유입된 후 단기간에 서민들의 식량 작물로 자리 잡았다. 특히 강원도의 척박한 산간 지역에서 밭을 일구며 살아가던 화전민들은 감자를 주식으로 이용하며 생계를 이어 갔다. 감자 생산량이 많을 때는 그중 일부를 원료로 하여 술을 빚었는데 주로 탁주의 형태로 술을 빚어 먹었다고 전해지고 있다. 하지만 일제 강점기 이후 이 감자 탁주의 명맥이 끊기고 사람들로부터 점점 잊혀졌다.

[그림102, 103, 104] 감자술을 빚는 모습. 화전민이 빚던 감자술을 재현하여 현대식 시설에서 생산하고 있다.

　이렇게 잊혀져 가던 감자술은 정부의 전통주 복원 및 개발진흥정책의 일환으로 교통부의 추천을 받아 1990년 홍성일 씨에 의해 재현되었다. 수년간 수소문을 통해 화전민의 흔적을 조사하고 여러 번의 고증을 거친 끝에 감자술을 복원하여 현재까지 명맥을 유지하고 있다. 맑은 오대산물과 평창 감자, 강원도 쌀을 원료로 하여 강원도의 맛을 담아 낸 감자술은 강원도의 역사와 지리가 담겨 있는 대표적인 술이라고 할 수 있겠다.

　감자술은 맛이 담백하여 과일주와 같이 은은한 향을 내고, 순하고 부드러운 황록색의 색깔이 매력적인 술이다. 감자 막걸리, 감자 소주도 개발하고 있어서 향후 맛있는 감자술이 다양하게 생산되고, 강원도의 감자 소비도 많아질 것으로 기대하고 있다. 평창을 여행하는 사람들에게 담백한 감자술과 평창의 황태, 오삼불고기를 곁들인 한 끼 식사를 통해 강원도의 맛을 즐겨 볼 것을 권한다.

[그림 105] 감자술과 황태강정

남해의 명물

시골할때 유자막걸리

죽방렴으로 건져 올린 신선한 멸치

멸치는 청어목 멸칫과의 바닷물고기로 전 세계적으로 8종이 존재하고 대부분 수심이 얕은 연안에 서식하여 세계적으로 어획량이 많은 어종이다. 유럽에서는 멸치를 앤초비(anchovy)라고 하고, 페루 앞바다에서 잡히는 멸치는 안초베타(anchoveta), 이탈리아에서는 아치우가(acciuga)라고 부른다. 정약전의 《자산어보》에서는 멸치를 추어(鯫魚), 멸어(蔑魚)로 칭하고 있다. 추어는 변변치 못하다는 의미가 담겨 있고, 멸치는 잡는 즉시 급한 성질 때문에 죽는다고 하여 '멸한다'는 의미의 이름이 붙었다. 멸치에 대한 선조들의 인식이 어떠했는지 명칭을 통해 알 수 있다.

하지만 멸치는 수많은 대형 어종과 인간의 먹잇감으로 유용하게 이용되고 있어 해양 생태계에서 매우 중요한 존재이다. 멸치의 크기에 따라 볶아 먹거나 육수를 우려내는데 사용하기도 하고, 멸치 액젓으로 만들기도 한다. 서해안에 까나리 액젓이 있다면 남해안에는 멸치액젓이 있어서 김치를 담글 때 이용되고 있다. 서양에서는 뼈를 발라낸 후 통조림으로 가공해서 판매하고 있고, 피자와 파스타의 주재료로 이용되기도 한다. 이처럼 멸치는 우리 식탁에서 다양한 형태로 올라오는 유용한 식재료이다. 멸치에는 칼슘이 많이 함유되어 있어서 칼슘의 왕이라고 불린다. 생선뼈에는 인산 칼슘이 풍부한데 비타민D와 같이 먹어야 소화 흡수율이 높다고 한다. 멸치는 인산 칼슘이 풍부한 뼈와 비타민D가 풍부한 내장까지 통째로 먹기 때문에 칼슘 흡수율이 높은 식재료이다.

[그림 106] 남해 죽방렴 멸치는 그물에 긁혀서 표면이 상하지 않기 때문에 예쁜 은색을 띄고 있다. 그물로 잡은 멸치와 육안으로도 구분할 수 있고, 맛과 식감도 더 뛰어나다.

우리나라에서는 남해안에서 많이 잡히는 특산물이며 멸치로 유명한 지역은 부산 기장, 남해, 통영, 완도, 거제도가 있다. 부산 기장에서는 배를 이동하며 기선망으로 멸치를 잡지만 남해에서는 밀물과 썰물이 만드는 조류를 이용하여 죽방렴으로 멸치를 잡는다. 죽방렴은 대나무를 발처럼 엮어서 만든 일종의 재래식 어항으로서 물때에

[그림 107] 남해 지족해협 죽방렴

따라 고기가 안에 들어와 갇히는 구조이다. 남해의 물살이 거센 지족해협에는 20여개의 죽방렴이 설치되어 있어 죽방렴 멸치로 유명한 곳이다. 죽방렴으로 잡은 멸치는 그물로 포획한 멸치와 비교했을 때 표면에 상처가 없어서 예쁜 은색을 띠게 되고, 신선하고 맛있어서 비싼 가격으로 팔린다.

죽방렴은 우리나라의 전통적인 어업 방식이지만 베트남, 필리핀 등지에도 같은 형태의 전통 어업 방식이 존재한다. 물살이 강하고 어족 자원이 풍부한 해협에서 굉장히 효율적인 어업 방식이고, 신선한 물고기를 잡을 수 있어서 현재까지도 많이 이용되고 있는 방식이다. 멸치를 그물로 잡으면 잡자마자 멸치가 죽어서 신선도가 급격히 낮아지기 때문에 어획 즉시 삶아서 건조시킨다. 하지만 멸치 산지인 남해에서는 멸치를 죽방렴으로 포획하여 신선한 상태로 건져 내기 때문에 생멸치를 회로 맛볼 수 있다. 멸치는 고소한 맛과 감칠맛이 강해서 육수를 우려낼 때 많이 사용되는 식재료인 만큼 회로 먹었을 때 풍부한 감칠맛을 입안 가득 느낄 수 있다. 하지만 멸치 특유의 비릿한 맛이 있기 때문에 이를 잡기 위해 매콤달콤한 양념으로 야채와 버무려 멸치 회무침으로 만들면 가장 맛있게 먹을 수 있다.

[그림 108, 109] 남해 미조항의 멸치회무침과 멸치쌈밥. 멸치 특유의 비린 맛을 잡기 위해 매콤한 양념으로 조리한다.

    남해 미조항에는 멸치회무침과 멸치쌈밥을 파는 맛있는 멸치 식당이 즐비하여 남해 여행의 필수 코스로 사람들이 찾는 곳이다. 멸치는 그 이름에서도 알 수 있듯이 흔하고 쉽게 어획되는 어종이어서 예로부터 사람들이 가치를 낮게 생각해 온 경향이 있다. 하지만 우리 식탁을 풍성하게 해 주고 칼슘을 제공해 주는 소중한 식재료로서 그 가치를 재평가하게 된다.

가난한 농민들이 피와 땀으로 일군 다랭이논

다랭이논은 '다랑이'에서 변형된 말이다. 다랑이를 사전에서 검색해 보면 '비탈진 산골짜기에 여러 층으로 겹겹이 만든 좁고 작은 논'이라는 뜻으로 설명되어 있다. 남해 다랭이 마을은 남해군 남단의 경사가 가파른 암석 해안에 위치하고 있다.

다랭이 마을은 가난한 농민들이 생계를 이어 가기 위해 피와 땀을 통해 일군 문화유산이자 하나의 예술 작품이다. 전쟁과 가난을 피해 사람들이 없는 오지로 이주해 온 농민들이 논을 만들어 농사를 지으려다 보니 농사짓기에 마땅한 평지가 없었다. 그렇다고 이들은 배를 건조하여 어업에 종사할 수도 없었다. 이곳은 경사가 급한 암석 해안에 위치해 있다 보니깐 해안가에 배가 정박할 만한 항구 시설을 만들 수가 없었기 때문이다. 그래서 가난한 농민들은 경사 40°가 넘는 가파르고 돌이 많은 경사지를 개간하여 논을 만들었다. 돌을 캐내어 논둑을 쌓아 계단을 만들고 점토로 계단을 튼튼하게 마감하여 물이 고일 수 있는 논을 조성했다. 현재의 680개가 넘는 논은 하루 이틀 만에 만들어진 것이 아니라 수백 년에 걸쳐서 만들어진 선조들의 예술

[그림 110] 남해 다랭이 마을. 불규칙한 형태의 논에서 기계를 이용하여 경작하고 있다.

작품이다. 워낙 견고하게 만들어져서 태풍 피해가 주기적으로 발생하는 남해안가에 위치하고 있지만 아직까지 태풍으로 무너진 적이 없다. 모내기가 시작되기 전 다랭이 논에서는 마늘과 유채꽃을 주로 심는다. 4월에 다랭이 마을에는 노란 유채꽃과 새파란 바다의 색감이 너무 예뻐서 사진을 찍기 좋은 곳으로 유명하다.

[그림 111] 시골할매막걸리와 멸치회무침을 먹으며 다랭이 논을 조망하는 것은 대표적인 남해의 여행 코스이다.

다랭이 논을 즐기는 가장 좋은 방법은 다랭이 마을의 상징인 시골할매 막걸리집에서 유자 막걸리와 멸치 회무침을 먹으며 경치를 감상하는 것이다. 시골할매 막걸리집은 다랭이마을에서 설흘산에 올라가는 길목에 자리 잡고 있다. 설흘산은 해발고도 490m의 작은 산이지만 고려 중엽에 봉수대가 설치되어 동래(지금의 부산)와 서울을 연결하는 제2 봉수 노선에 속해 있는 교통의 요지였다. 동쪽에 있는 남해 금산 봉수대에서 신호를 받아 서쪽 전남 돌산도로 연락을 전달하는 역할을 했던 곳이다. 설흘산 정상에 오르면 한려수도의 아름다운 경치와 바다 건너편 여수, 돌산도가 보여서 등산객들이 많이 찾는 산이다. 시골할매 막걸리는 1945년 위안부 징집을 피하기 위해 故조막심 할머니가 16세의 어린 나이에 다랭이 마을로 시집을 온 후 다랭이 논에서 생산된 쌀로 막걸리를 만들면서 유래되었다. 당시에도 설흘산의 아름다움이 널리 알려져 있어서 등산객들로 다랭이 마을이 붐볐는데, 할머니는 유자잎을 넣어 숙성시켜 만든 막걸리를 맛보도록 등산객들에게 막걸리를 권했다. 유자막걸리는 그 맛을 본 등산객들의 입소문을 타고 유명해졌고, 이후 설흘산을 찾은 등산객들은 할머니의 막걸리를 맛보기 위해 할머니의 집에 문전성시를 이루었다고 한다. 할머니의 이름을 몰라서 시골할매라고 불렀던 것이 유래가 되어 지금의 시골할매 막걸리집이 되었다. 시골할매 막걸리집에서 유자막걸리와 남해의 해산물을 재료로 만든 맛좋은 안주를 먹으며 남해바다와 다랭이논의 경치를 바라보는 것은 남해를 가장 잘 즐길 수 있는 남해 여행의 필수 코스이다.

다랭이논과 같은 계단식 경작은 전 세계 각지의 농경지가 부족한 지역에서 이루어지고 있다. 경지가 부족한 북한에서도 다락밭을 만들어 밭작물을 경작하며 농산물을 생산하고 있고, 중국 내륙의 건조지대와 필리핀의 산지에서도 계단식 경작이 이루어지고 있다. 이들의 공통점은 농사를 지으며 소박하게 살고자 하는 사람들이 자연이 허락한 만큼 농경을 하며 자연과 공존하고 있다는 점이다. 논은 엄밀히 말하면 자연을 개간해서 만든 인위적인 경관이지만 다랭이 논의 경관을 보면 자연이 허용하는 만큼의 농업이 이루어지는 아름다움이 느껴진다. 인간과 자연의 아름다운 공존의 모습을 볼 수 있는 다랭이 논은 남해를 대표하는 가장 아름다운 경관이다.

[그림 112] 자연과 다랭이논의 조화로운 모습

쌀의 기원지 청주의

풍정사계

쌀의 기원지 미호평야

기존에는 쌀의 기원지로 중국 남부 지방을 꼽았다. 하지만 우리나라 청주시 옥산면 소로리에서 가장 오래된 볍씨가 발견되었기에 이제는 우리나라가 쌀의 기원지라고 당당하게 말할 수 있게 되었다. 물론 현대인들이 주로 먹는 재배 벼인 인디카나 자포니카 품종의 쌀과는 유전적 차이가 크다. 그리고 재배 벼라고 특정할 수 있는 명확한 근거가 발견되지 않았기에 '벼 재배의 기원지'라고 할 수는 없지만, 우리나라가 '쌀의 기원지'라는 지위는 얻게 되었다.

[그림 113, 114] 현재 청주 소로리는 농경지가 대부분 오창 산업단지로 개발되고 일부 논과 볍씨 상징 조형물만 남아 있다. 쌀의 기원지라는 장소의 의미를 살릴 필요가 있어 보인다.

청주를 흐르는 하천을 살펴보면 도심을 가로지르는 무심천이 청주 시가지 북쪽을 흐르는 미호강과 합류하여 서쪽으로 흐르고, 미호강은 다시 세종시 동쪽 합강리에서 금강의 본류와 합류하여 서해안으로 유입된다. 청주 시가지 북쪽을 흐르는 미호강이 범람하여 형성된 주변 충적 평야에서는 논으로 개간되어 현재 벼농사가 이루어지고 있다. 금강의 지류이고 하류보다는 훨씬 내륙 지역에 위치해 있기 때문에 미호평야는 호남평야, 김해평야 등 주요 평야와 비교할 만한 규모는 아니지만 세계 최고(古)의 볍씨가 발견된 소로리가 포함된 평야 지역이라는 점에서 큰 가치를 갖고 있다.

[그림 115] 미호강이 범람하여 형성된 미호평야

청주는 미호평야에서 이루어진 벼농사를 기반으로 도시가 성장하여 예로부터 지방 행정 중심지로서의 기능을 담당해 왔다. 통일신라 시절에는 9주 5소경 중 하나인 서원경으로서 작은 수도 역할을 했고, 고려시대에는 흥덕사에서 세계 최초로 금속 활자로 '직지'를 인쇄하여 2001년 세계기록유산에 등재되어 그 가치를 공인받게 되었다. 이렇듯 청주는 행정과 문화의 중심지로서 오래전부터 발전해 온 도시이다.

[그림 116] 내덕칠거리는 오래전에 자연스럽게 형성된 복잡한 구조의 도로이다. 주말에는 교통체증이 발생하기도 한다.

청주는 역사가 깊은 도시의 특성이 반영되어 도시 규모와 인구 규모에 비해 도심이 굉장히 협소한 편이고, 도심에서 외곽으로 뻗어져 나가는 교통 결절점에 산업단지육거리, 석교육거리, 내덕칠거리와 같은 복잡한 구조의 도로가 형성되어 있다. 특히 석교육거리에는 육거리시장이라는 청주 최대의 전통 시장이 위치하고 있어서 항상 교통 체증이 발생하는 곳으로 유명하다. 역사가 깊은 만큼 낡은 도시 이미지가 있고, 도시 규모에 비해 인지도가 낮고 무색무취의 도시라는 청주 시민들의 자조적인 비판이 있기도 하지만 경제, 정치, 문화, 교육, 교통, 관광 등 모든 분야에서 높은 수준을 유지하는 것이 특징인 특별한 도시이다.

청주의 자연환경이 만든 좋은 술

청주(淸州)는 푸른 고을이라는 예쁜 뜻을 가지고 있다. 청주시의 마스코트는 '생이'와 '명이'인데 '생이'는 청주시 청정 자연의 푸르름을 간직하고 있으며, '명이'는 미래를 밝히는 창조의 빛을 머금고 있는 요정이다.

[그림 117] 청주시 캐릭터 생이와 명이

청주에서도 내수읍은 물 좋고 산 좋기로 유명한 곳이다. 내수읍 초정리(椒井里)에는 미국의 샤스터, 독일의 아폴리나리스와 함께 세계 3대 광천수로 꼽히는 초정리 광천수가 있다. 초정리 광천수는 600년 이상의 역사를 지닌 세계적인 광천수(F.D.A.인정)로 세종대왕이 안질(眼疾) 치료를 위해 4개월 머무른 곳으로 유명하다. 이 초정리 광천수로 천연 탄산수와 탄산음료를 제조하여 판매하고 있고, 약수터는 천연 탄산수를 음미하고 받아 가려는 수많은 인파가 줄을 서는 곳이다.

[그림 118, 119] 초정리 광천수

내수읍 풍정리(楓井里)는 초정리만큼 유명한 곳은 아니지만 예부터 물맛이 좋기로 유명한 마을로서 단풍나무 우물이란 뜻을 갖고 있다. 초정리(椒井里)와 풍정리(楓井里)처럼 물이 좋은 지역의 지명에는

'우물 정(井)' 자가 들어가는 경우가 많은데 지금보다 과학 기술이 발달하지 않았던 옛날에 선조들은 물의 성분을 분석하는 대신 물맛을 보며 좋은 물을 정확하게 구별해 내어 지명에 반영했다는 것을 알 수 있다. 풍정리에는 맛좋은 물과 미호평야에서 생산한 고품질의 참드림 품종의 쌀을 사용하여 만든 좋은 술이 있다.

[그림 120] 풍정사계

[그림 121, 122, 123, 124, 125] 풍정사계는 작은 양조장에서 정성껏 빚어서 옹기 숙성을 거치기 때문에 생산량이 많지 않고 구입하기가 어렵다.

[그림 126] 향온곡

풍정사계(楓井四季)라는 이름의 술인데 풍정리의 자연을 술로 담아 맛과 향이 다른 네 가지 술을 만들어 春(봄·약주), 夏(여름·과하주), 秋(가을·탁주), 冬(동·증류식 소주)이라고 이름 지었다. 풍정사계는 사장님이 종가에서 제삿술을 빚어서 제사를 모시면서 쌓아 온 비법을 현대적으로 재해석한 레시피로 완성한 술이다. 멥쌀로 밑술하여 효모를 증식시키고, 찹쌀로 덧술하여 깊은 맛을 낸 이양주이다.

[그림 127] 풍정사계의 핵심 재료, 궁중 누룩

'향온곡'이라는 궁중 누룩을 연구하고 직접 만들어 술을 빚어 100일 이상 항아리에서 숙성해서 숙취가 없고 깨끗한 맛이 특징이다. 네 가지 술을 맛보면서 가장 맛있는 술을 찾아보려 했으나 찾을 수가 없었다. 각각의 술이 지닌 맛과 향이 너무 특별하고, 좋은 물로 빚은 술이라 그런지 깨끗하다는 느낌이 느껴졌다.

[그림 128] 풍정사계가 만들어지는 과정

春은 잘 숙성된 누룩의 향이 마치 진한 꽃향기처럼 느껴져서 이름 따라 봄에 마시기 좋은 술이다. 멥쌀 대신 찹쌀로 빚어서 평소 마시던 다른 약주와 비교했을 때 기분 좋은 단맛이 강했다. 꽃향기와 단맛이 어우러져서 풍성한 맛과 향이 느껴지는 술이다. 夏는 선조들의 '소맥'과 같은 과하주이다. 도수 15%의 약주는 오랫동안 신선도를 유지할 수 없기에 약주에 증류식 소주를 섞어 도수를 18%로 높였다. 좋은 비율(35:65)로 소주와 맥주를 섞으면 사과향이 나듯 약주와 소주가 조화를 이루면서 상큼하고 달달한 매력적인 맛이 느껴진다. 소맥의 계절 여름에 마시기에 좋은 술임에 분명하다. 秋는 설기로 밑술한 탁주를 발효시킨 후 항아리에서 100일 이상 저온 숙성시킨 술인데 추수의 기쁨을 느끼며 마시는 풍요로운 술이다. 탁주의 단맛과 신맛, 고소한 맛까지 조화롭게 느껴져서 입안이 풍성해지는 느낌이다. 冬은 도수 25%와 42% 두 가지가 있는데 42%를 맛본 결과 도수에 비해 부드럽고 고급스러운 단맛이 풍성한 술이었다. 춘하추동의 공통점은 단맛, 쓴맛, 신맛이 조화롭게 구성된 밸런스가 좋은 술이라는 점이다. 잘 잡혀 있는 맛의 밸런스는 풍정리의 좋은 물과 미호평야의 양질의 쌀이 만나고, 우리 술의 전통을 잇고자 하는 열정과 노력이 더해진 결과물이 아닐까?

역동적인 변화의 도시

 2014년 7월 1일 청주시와 청원군이 분리된 지 68년 만에 통합하여 통합 청주시가 출범하였으며 기존의 2구를 4구로 재편하였다. 충청북도 인구 약 160만 명 중 청주시의 인구는 약 85만 명(통계청·2022년)으로 전체 인구의 과반수를 차지하고 있다. 충청북도는 국토의 중심에 위치하고 있지만 중앙고속도로와 중부내륙고속도로가 만들어지기 전까지는 청주를 통과하는 경부고속도로와 중부고속도로가 도내 유일한 경부축 교통 인프라였다. 그래서 충청북도의 투자·개발은 청주시에 집중되어 왔다. 백화점, 아울렛과 같은 고차 상업 기능과 충청북도청, 금융 기관의 충북지사 등 중심 업무 기능이 청주에 집중되어 있다. 청주에는 도로 교통뿐만 아니라 전국 유일의 KTX 경부선·호남선 분기역인 오송역과 충청도 유일의 국제공항인 청주국제공항이 위치하고 있어 교통의 중심지로서 큰 발전 잠재력을 지니고 있다.

[그림 129] 오창 다목적방사광가속기 조감도. 바이오 산업, 첨단소재 및 부품 산업 분야에서 방사광 가속기를 활용하기 위해 많은 기업이 오창 산업단지에 입주할 것으로 기대되고 있다.

2020년에는 청주 오창읍에 방사광 가속기 유치가 확정되고, 이차전지 소재·부품·장비 특화단지에 지정되어 더욱 큰 발전이 기대되고 있다. 특히 2028년에 방사광 가속기가 본격적으로 가동되기 시작하면 약 6조 원 규모의 경제 효과가 있을 것으로 예상되고 있어 광역시보다 더 큰 경제 규모를 가진 도시가 될 것으로 전망된다. 청주는 1990년대만 하더라도 시가지가 매우 작았다. 통합 청주시 출범 이전 상당구청(현 청원구청)과 흥덕구청(현 서원구청)이 도심에서 매우 가깝게 위치에 있는 것이 그 증거 중 하나이다.

[그림 130] 동남지구, 방서지구에 인접한 지북지구는 현재 대규모의 택지개발이 이루어지고 있다.

 최근에는 율량2지구, 오창2산단, 방서지구, 동남지구 등 청주 외곽 지역에 대규모 택지개발이 이루어졌고, 청주테크노폴리스, 지북지구 등 새로운 택지가 계속해서 개발되면서 시가지가 확장되고 있다. 청주시의 잘 갖춰진 도로망 때문에 어느 한 지역에 신시가지가 집중하여 성장하지 않는 것이 개발 과정에서 나타나는 청주시의 특징이다. 제1순환로~제3순환로를 통해 청주시 어느 지역도 30분 이내에 이동할 수 있기에 다핵 구조가 형성되어 그때그때 부촌이 달라지고 일명 핫플레이스라고 불리는 중심 상권도 빠르게 변화한다. 불과 몇 년 전에 청주에서 가장 '핫'한 동네였던 산남동은 '핫남동'이라는 애칭으로 불리기도 했었으나 지금은 공실이 된 상가 건물이 늘어났고, 현재 가장 뜨고 있는 상권은 동남지구이다.

[그림 131, 132] 쇠퇴하는 산남동 상권과 새롭게 뜨고 있는 동남지구 상권의 모습. 폐업하는 가게가 늘고 있는 산남동과 새로 오픈하는 가게가 많은 동남지구가 대조를 이룬다.

청주는 역사와 전통 위에서 성장을 거듭하고 있는 발전 가능성이 풍부한 도시이다. 세계 최고(最古)의 볍씨가 출토되고, 세계 최초로 금속 활자로 인쇄를 했던 당대 가장 잘 나갔던 도시 청주시는 급변하는 시대를 맞아 발전과 쇠퇴의 기로에 서 있다. 2012년 세종시 출범 이후 세종시 성장에 따른 파급 효과로 청주시도 지속적으로 성장을 이어 가고 있지만, 최근 들어 세종시의 인프라가 갖춰지면서 세종시로의 청년 인구 유출이 증가하고 있어서 빨대 효과가 우려되는 상황이다. 또한 청주시의 출산율은 전국 평균보다는 높은 수치를 보이고 있지만, 점점 감소하고 있어서 장기적으로는 도시의 성장을 저해하는 요인으로 작용할 수 있다. 그동안 역사 속에서 항상 지역의 중심지였던 청주가 미래 사회에 어떤 도시로 변화하고 발전할지 기대해 본다.

어머니의 사랑이 담긴 해장술

전주 모주

역사 도시 전주

　전주시는 전라북도의 행정 중심지로서 오랜 도시 발달의 역사를 지닌 도시이다. 900년 견훤이 후백제를 건국하고 도읍지로 정한 후 936년까지 후백제의 행정 기능을 담당했었다. 이후 고려시대에는 1022년 전국의 지방 행정 중심지인 12목 중 하나로 전주목을 설치하여 전라북도 지방의 행정 기능을 담당하게 하였다. 조선시대에는 지금의 도청에 해당하는 전라도 감영 소재지였고, 특히 1392년(조선 태조 원년)에는 조선 왕조의 조상이 살았던 지역이라는 이유로 완산 유수부가 설치되었다. 현재도 전라북도의 도청 소재지로서 전라북도의 중심지 기능을 하고 있는 큰 도시이다.

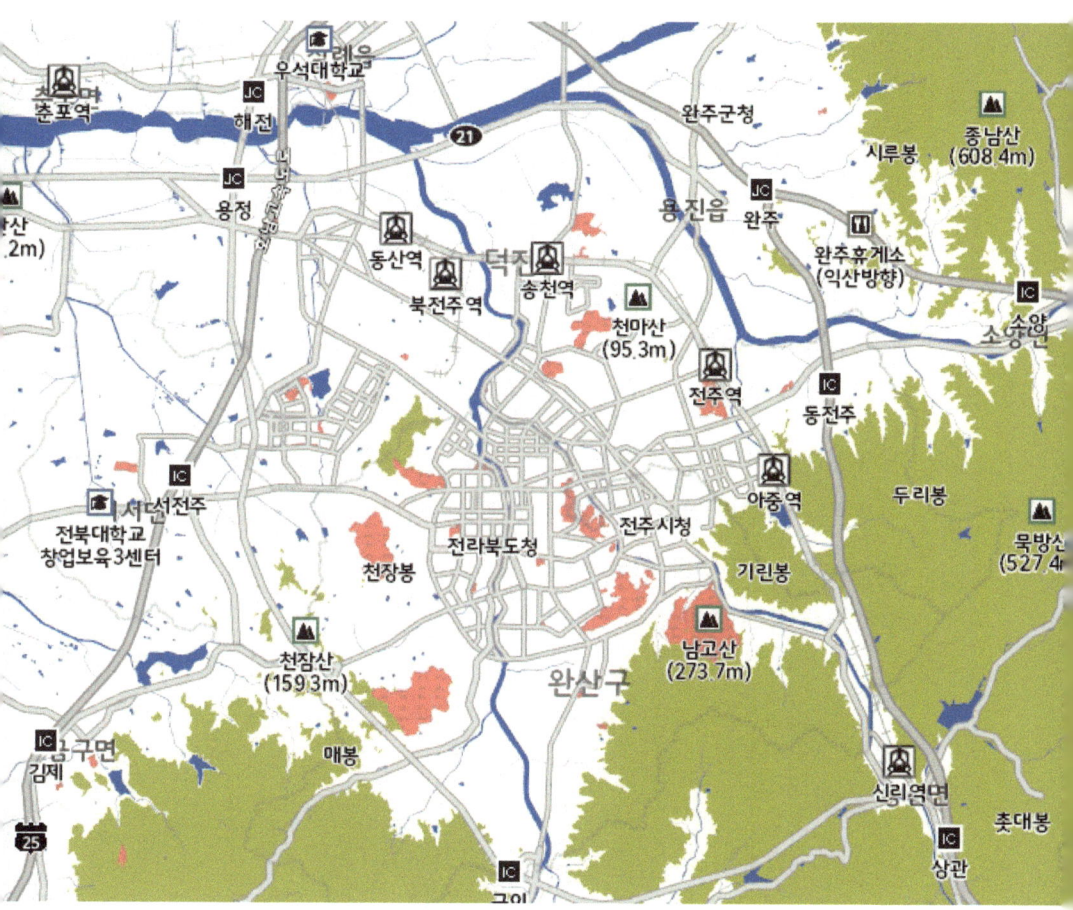

[그림 133] 전주시 지도

전주가 큰 도시로 발전하게 된 지리적 토대는 사람들이 거주하기 좋은 자연환경과 인문 환경이 잘 갖추어진 입지 조건에서 찾을 수 있다. 방조제를 쌓고 하구둑을 건설하는 기술이 없었던 과거에 서해안의 해안 지역은 주거지로써 썩 좋은 곳이 아니었다. 조차가 큰 서해안의 특징으로 인해 호남평야 지역은 물의 염분이 높아서 농사짓기에 적합하지 않은 땅이었다. 우리나라의 대표적인 곡창 지대로서 많은 양의 쌀을 생산하고 있는 지금과는 전혀 다른 환경이었다. 해안가에 광활하게 발달되어 있는 부안 줄포만 갯벌과 고창 갯벌을 통해 당시 해안가의 환경을 유추할 수 있다. 전주는 염해가 발생하지 않는 내륙에 위치해 있고, 만경강의 지류인 전주천과 삼천이 남에서 북으로 도시를 관통하면서 농업용수를 공급해 주고 있다. 시가지의 대부분은 평탄한 전주천 충적 평야가 발달해 있어 농업에 좋은 자연조건이 갖추어져 있다. 전주는 예부터 육상 교통과 수운 교통의 결절점에 해당하는 입지로 인해 지역의 중심지 역할을 이어 왔고, 이는 《대동여지도》를 통해 확인할 수 있다.

[그림 134] 대동여지도 전주

조선 후기 실학자 김정호가 제작한 《대동여지도》는 실학 사상의 영향을 받아서 국토의 실용적인 연구와 이용을 목적으로 제작된 지도이다. 육상 교통로를 직선으로 표기하고 10리마다 방점을 찍어 주요 도시간 거리를 가늠할 수 있도록 하였다. 하천을 곡선으로 표현하고 특히 항해가 가능한 가항하천은 쌍선으로 표기하여 교통 지도로써 활용이 가능하도록 제작되었다. 대동여지도에서 전주는 주변 지역으로 통하는 육로가 10방향으로 나 있어서 육상 교통의 결절점이었음을 확인할 수 있다. 또한 산줄기 사이사이의 하천을 따라가 보면 만경강과 합류하는 지점부터 만경강의 하구까지 쌍선으로 표현되어 있다. 전주는 만경강의 수운 교통과 육상 교통을 통해 다른 지역과의 문화 교류가 많았던, 당시 호남지방의 가장 번성했던 도시였다는 것이 지도에 잘 드러나 있다.

전주의 역사와 전통을 느끼기 좋은 장소는 전주시 완산구 교동, 풍남동 일대에 조성되어 있는 전주 한옥마을이다. 한옥마을에는 총 947동의 건물이 있는데 그중 한옥이 735개이다. 전주에는 지금으로부터 약 1만 5천 년 전부터 사람이 살기 시작했고, 주로 구릉지에 자연 발생적으로 촌락이 형성되었다. 하수도 시설이 발달하지 않았던 옛날에는 전주천, 삼천 주변 저지대는 여름철 홍수 피해의 위험에 노출되어 있었기 때문에 피수의 목적으로 비교적 해발 고도가 높은 구릉지에 마을이 형성되었다. 전주성이 축조된 이후에나 사람들이 평지에서 주거 생활을 시작하게 되었다. 한옥마을이 지금의 형태를 갖추게 된 것은 일제 강점기 일본인들이 전주 읍성의 안으로 거주지를

[그림 135] 전주한옥마을

옮기기 시작하면서이다. 늘어나는 일본인과 일본식 가옥에 대항하기 위해 전주 사람들은 교동과 풍남동 일대에 한옥을 짓기 시작했고, 결국 735개의 한옥이 모여 한옥마을이 형성된 것이다. 전주 한옥마을은 단지 한복을 입고 거리를 누비면서 예쁜 한옥을 배경으로 사진을 찍는 관광지가 아니다. 민족의 자긍심이 담겨 있는 소중한 역사 유산이며, 자연과 조화를 이루는 아름다운 우리 건축 문화의 걸작이다.

[그림 136] 경기전

비록 100년이 조금 넘는 짧은 시간동안 형성되어 전통적인 한옥보다는 도시형 한옥에 가깝지만, 전주의 문화 유적과 어우러져서 특별한 아름다움을 뽐낸다. 한옥마을이 가장 예쁜 시기는 10월말 단풍철이다. 경기전의 수령이 오래된 단풍나무와 은행나무의 잎이 살랑거리며 떨어지는 모습은 경기전의 아름다움과 어우려져 장관을 이룬다. 한복을 빌려 입고 태조 이성계의 어진이 봉안된 경기전에서 조선 왕조의 숨결과 가을의 정취를 함께 느낄 수 있는 한옥마을이 가장 아름다워지는 시기이다.

[그림 137] 한옥마을이 내려다보이는 오목대

한옥마을을 즐기는 또 다른 방법은 오목대에 올라 한옥마을과 전주 시내를 조망하는 것이다. 1380년(고려 우왕 6) 삼도순찰사 이성계가 황산에서 왜구를 토벌하고 귀경하는 도중 승전을 축하하는 파티를 열었던 장소가 지금의 오목대이다. 이성계는 이곳에서 파티를 즐기면서 새로운 나라를 건국하겠다는 야망을 품었다고 전해진다. 건국 이후 이곳에 정자를 짓고 오동나무가 많은 특성을 반영하여 오목대(梧木臺)라고 이름 지었는데 오목대는 한옥마을이 한눈에 내려다보이는 뷰가 좋은 곳이다. 특히 밤에는 한옥마을의 야경을 감상할 수 있어서 특별한 장소가 된다. 오래전부터 전주 시민의 아름다운 휴식공간이자 한옥마을 사진 명소인 오목대에서 태조 이성계의 흔적과 야망을 느껴 보는 것도 한옥마을을 즐기는 좋은 방법이다.

유네스코 음식창의도시

[그림 138] 전주 피순대

　전주는 음식이 맛있기로 유명한 도시이다. 천혜의 자연환경과 인문 환경이 더해져서 예부터 음식 문화가 화려하게 발달했다. 2012년에는 국내 최초로 유네스코 음식창의도시에 선정되어 공식적으로 전주 음식의 맛과 가치를 인정받게 되었다. 1751년 조선후기 실학자 이중환이 전국을 답사하고 집필한 지리책《택리지》에서 전주를 이렇게 설명하고 있다.

"주줄산 이북 여러 골짜기의 물이 고산현을 지나 전주 경계에 들어오면서 율담, 양전포, 오백주 등의 큰 시내가 되었고, 이 시내들로 관개하므로 땅이 아주 기름지다. 그리고 벼, 생선, 생강, 토란, 대나무, 감 등의 생산으로 천 마을 만 부락의 삶에 이용할 물건이 다 갖추어졌고, 서쪽의 만경강에는 생선과 소금을 실은 배가 통한다. 전주 관아가 자리한 곳은 인구가 조밀하고 물자가 쌓여 있어 서울과 다름없으니, 하나의 큰 도회지이다. 노령 북쪽의 10여 고을은 모두 안 좋은 기운이 있으나, 오직 전주는 맑고 서늘하여 가장 살 만한 곳이다."

택리지에서 자세히 설명하고 있듯이 전주는 전주천 충적 평야에 위치하여 농업에 유리한 지형과 토지 조건을 지니고 있다. 또한 전주 남부는 산지 지역과 맞닿아 있고, 북쪽으로는 만경강 수운 교통이 발달하여 임산물과 수산물을 공급받기에도 좋은 입지 조건을 갖추고 있다. 조선 왕조의 조상이 살았던 지역으로서 양반 문화가 발달했고, 당대 최고로 부유한 지역이었던 것도 화려한 음식 문화 발달의 주요인으로 작용하였을 것이다.

[그림 139] 전주비빔밥

전주를 대표하는 음식으로는 전주비빔밥, 콩나물 국밥을 들 수 있다. 비빔밥은 사실 전주 고유의 음식이라기보다는 대한민국을 대표하는 음식이라고 할 수 있다. 비빔밥의 유래는 궁중 음식설, 농번기 음식설, 음복설 등 세가지 설이 널리 알려져 있다. 농번기 음식설은 농번기에 농사를 지으면서 구색을 갖춘 상차림을 준비하기 어려워서 그릇 하나에 여러 음식을 섞어 먹은 데서 유래되었다는 설이다. 오늘날의 양푼 비빔밥이나 보리 비빔밥과 같은 형식으로 여러 가지 반찬을 비벼 먹었던 것으로 추정된다. 음복설은 제사를 마치고 나서 제상에 놓은 제물을 빠짐없이 먹으려는 과정에서 그릇 하나에 여러 가지 제물을 받아 비벼 먹은 것이 유래되었다는 설이다. 오늘날 제사 후에 먹는 헛제삿밥을 그 흔적이라고 할 수 있다. 마지막 궁중 음식설은 궁중 음식이 서민들에게 전파되었다고 보는 설이다. 조선시대 임금이 잡수던 밥에 흰수라, 팥수라, 오곡수라, 비빔밥 등 4가지가 있는데 그중 비빔밥은 점심때나 종친이 입궐했을 때 먹었던 가벼운 식사였다고 한다. 궁중에서 먹던 비빔밥이 서민들에게 전파되었다고 보는 것이 궁중 음식설이다. 이외에도 묵은 음식처리설, 동학혁명설, 임금 몽진음식설 등의 많은 이야기가 전해져 내려오고 있는데 전주비빔밥은 이 중 궁중 음식설에 가깝게 발달해 온 것으로 보여진다. 전주에서 비빔밥이 유명해진 이유는 전주의 풍부한 식재료, 전주 사람들의 음식 솜씨, 양반들의 높은 경제력 때문이다. 전주의 대표적인 식재료 10가지를 전주 10미라고 부르는데, 전주 10미에는 파라시(홍시), 열무, 황포묵(녹두묵), 서초(담배), 호박, 모래무지, 게, 무, 미나리, 콩나물이 있다. 그중 비빔밥의 기본적인 맛을 내는 중요한 식재료가 콩나물인데 밥을 뜸들일 때 콩나물을 넣어 살짝 밥 김으로 데친 다음 섞어서 콩나물밥을 만들고, 그 위에 갖은 나물과 토핑을 올려 순창 지역의 찹쌀고추장으로 비벼서 먹는 것이 전주비빔밥이다.

[그림 140] 콩나물

콩나물 국밥은 콩나물을 주재료로 사용한 가장 전주다운 음식이다. 전주의 물에는 철분 함량이 많아서 철분을 흡수해 주는 콩나물을 많이 먹어 왔다는 속설이 전해져 내려온다. 전주는 토질이 좋고, 물이 잘 빠져서 콩나물 생산에 좋은 조건을 갖고 있다. 모든 콩으로 콩나물을 만들 수 있는데, 전주 콩나물은 크기가 작은 쥐눈이 콩으로 만들어서 억세지 않고 아삭아삭한 식감이 좋아 전국적으로 유명해졌다. 콩나물 국밥은 크게 삼백집 스타일과 남부시장 스타일이 있는데 삼백집 스타일은 국밥에 밥을 말아서 끓인 후 계란을 얹어서 나오는 스타일이다. 계란이 녹아들면서 고소하고 걸쭉한 국물이 되는 것이 특징이다. 남부시장식은 밥을 끓이지 않고 말아 내는 토렴식이다. 계란을 수란으로 따로 제공하여 국물이 시원하고 개운한 것이 특징이다. 남부시장의 상인들이 즐겨 먹어서 남부시장식이라고 불린다.

[그림 141] 전주왱이콩나물국밥

　개인적으로 가장 좋아하는 콩나물 국밥집은 왱이집이다. '왱이'란 왕의 전라도 방언인데, 조선 왕조의 뿌리인 전주의 특성을 잘 살린 이름이고, 어감도 예쁘다고 생각한다. 왱이집은 남부시장 스타일의 토렴 방식의 콩나물 국밥이다. 시원한 오징어 육수에 기분 좋은 매콤한 맛이 더해져 감칠맛이 풍부한 국물이 특징이다. 해장국으로 이만한 게 없을 것 같다는 생각이 드는 맛이다. 맵거나 짠 자극적인 맛이 아니지만 자꾸 생각 나는 게 이 음식의 특징이고, 전주를 또 가고 싶게 만드는 마성의 매력이 있는 음식이다.

어머니의 사랑이 담긴 해장술

전주에는 술 마신 다음날 아침 콩나물 국밥과 곁들여 해장술로 마시는 술이 있다. 어머니의 사랑이 담긴 술이어서 이름이 모주(母酒)이다. 모주가 언제부터 어떻게 만들어져 왔는지 정확한 유래가 전해지지는 않지만, 술주정뱅이 아들의 어머니가 아들의 건강을 염려하며 만든 술이라는 이야기가 정설로 여겨지고 있다.

"옛날에 전주 지역에 술을 너무 좋아해서 매일같이 술을 마시고 늦게 귀가하던 술주정뱅이 아들이 있었다. 어머니는 아들의 건강이 걱정되어 몸에 좋은 술을 만들어 아들에게 먹이기 위해 아들이 좋아하는 막걸리에 몸에 좋은 한약재를 넣어 술을 달였다. 아들은 이 건강한 술을 마시고 나서는 예전처럼 술에 취하지 않고 건강도 회복했다고 한다. 아들을 위한 어머니의 사랑이 담긴 이 감동적인 이야기가 퍼져서 전주 지역 사람들은 모주(母酒)를 만들어 먹게 되었다고 한다."

[그림 142] 모주

　모주는 생강, 계피, 대추를 비롯한 각종 한약재를 넣고 달여 만든 술로, 알코올 도수가 1~2%로 굉장히 낮고 건강에 좋은 술이다. 과거에는 술지게미로 만들어 먹었지만 요즘은 대량으로 술지게미를 얻거나 생산할 수는 없기 때문에 막걸리에 한약재를 넣어 만들고 있다. 모주는 혈액 순환에 좋은 재료가 많이 함유되어 있어서 겨울철에 데워 마시면 몸이 따뜻해지고 감기를 예방하는 효과가 있다. 여름철에 시원한 모주를 마시면 수정과와 같은 청량감을 느낄 수 있고, 숙취 해소에도 아주 효과적이어서 해장술로 많이 사랑받고 있다. 모주는 어떤 재료로 어떻게 배합하여 만들어져 왔는지 정확한 레시피는 존재하지 않는다. 전주의 콩나물 국밥집에서는 나름의 레시피와 각자의 경험에 따라 모주를 만들고 있다. 막걸리, 생강, 계피, 대추, 흑설탕 등의 필수 재료 이외의 오미자, 감초, 칡, 인삼 등의 부가 재료는 각각 다르게 넣기 때문에 집집마다 조금씩 맛과 향이 다르고, 다양한 모주 맛을 비교해 보며 마시는 것은 모주를 즐기는 좋은 방법이다.

[그림 143] 콩나물국밥과 모주

    모주와 가장 잘 어울리는 음식은 단연 콩나물 국밥이다. 전주 사람들은 전날 과음을 하고나면 아스파라긴산이 풍부한 콩나물 국밥으로 해장을 하고, 모주로 속을 개운하게 만든다. 해장술은 숙취로 인해 지쳐 있는 몸을 더 괴롭게 하는 잘못된 방식의 식생활이다. 하지만 모주는 알코올이 거의 날아가서 도수가 낮아진 상태이고, 기력을 회복시켜 주는 약재가 많이 들어 있기 때문에 가장 좋은 해장술이라고 할 수 있겠다. 천혜의 환경이 생산한 전주의 식재료와 어머니의 사랑이 담긴 모주는 전주의 특성을 담고 있는 전주의 대표 술로 손색이 없는 향기로운 술이다.

부록

이미지 출처

- [그림 1] 강구항 대게거리: 한국관광공사, 2020.
- [그림 3, 4] 해방주: 영덕주조 제공.
- [그림 9] 공산성: 한국관광공사, 2021.
- [그림 11] 공북루: 한국관광공사, 2021.
- [그림 12] 공주, 부여의 지형 개관: 국토지리정보원.
- [그림 13] 고마나루(곰나루): 충남역사문화연구원
- [그림 14] 공주시 마스코트 고마곰과 공주, 공주알밤: 충청남도 공주시, 2015.
- [그림 16] 선운사 동백나무숲: 문화재청, 2015.
- [그림 17] 선운산 도솔계곡: 문화재청, 2015.
- [그림 18] 선운사 만세루: 문화재청, 2015.
- [그림 22] 지방소멸 위험 지수: 이상호·김필(2022.3.), 지방소멸위험지수 원시자료, 한국고용정보원.
- [그림 26] 복분자: 한국농수산식품유통공사, 2018.
- [그림 28] 밑술 담그는 모습: 화양 제공.
- [그림 30] 소줏고리: 한국민족문화대백과사전.
- [그림 31] 소주의 재료, 쌀: 화요 제공.
- [그림 32] 화요 5종: 화요 제공.
- [그림 33] 이포나루터: 한국관광공사 홈페이지.
- [그림 34, 35] 대왕님표 여주쌀, 여주 자채쌀: 여주시청 홈페이지.
- [그림 36] 화요의 완성 단계, 옹기숙성: 화요 제공.
- [그림 37] 고령토: 위키백과.
- [그림 38, 39, 40] 여주 도자기: 여주시청 홈페이지.
- [그림 42] 울릉도의 모습: 울릉군청, 2017.
- [그림 48] 우리나라 주변 해류 모식도: 국립해양조사원, 2016.
- [그림 55] 한라산 백록담: 제주특별자치도청, 2007.
- [그림 56] 거문오름 일반도: 국토지리정보원.

- [그림 58] 만장굴: 문화체육관광부 해외문화홍보원, 2014.
- [그림 62] 노꼬물 용천수: 제주특별자치도, 2020.
- [그림 63] 촘항: 제주특별자치도, 2020.
- [그림 64] 고소리: 제주특별자치도, 2020.
- [그림 69] (주)시트러스 외경: 시트러스 제공.
- [그림 70] 귤 따는 손: 한국관광공사, 2021.
- [그림 71] 미상25 발효하는 모습: 시트러스 제공.
- [그림 72, 73] 미상 제작 공정 모습: 시트러스 제공.
- [그림 74, 75] 미상25: 시트러스 제공.
- [그림 76] 지리산: 한국관광공사, 2020.
- [그림 77] 설악산: 강원특별자치도청, 2018.
- [그림 81] 사적 제505호 구례 화엄사 각황전: 문화재청, 2015.
- [그림 85] 계화도 간척지: 국토지리정보원.
- [그림 86] 서래연: 한국술도가 제공.
- [그림 87] 내장산 단풍터널: 전라북도 정읍시, 2022.
- [그림 97] 평창 감자술: 오대서주양조 제공.
- [그림 98] 평창 감자: 오대서주양조 제공.
- [그림 99, 100, 101] 감자술의 재료: 오대서주양조 제공.
- [그림 102, 103, 104] 감자술을 빚는 모습: 오대서주양조 제공.
- [그림 106] 멸치: 경상남도 남해군.
- [그림 115] 미호평야: 한국학중앙연구원.
- [그림 116] 내덕칠거리: 국토지리정보원.
- [그림 117] 청주시 캐릭터 '생이와 명이': 청주시청.
- [그림 120] 풍정사계: 화양 제공.
- [그림 121, 122, 123, 124, 125] 풍정사계 제조 과정: 화양 제공
- [그림 126] 향온곡: 화양 제공
- [그림 127] 풍정사계의 핵심 재료, 궁중 누룩: 화양 제공
- [그림 128] 풍정사계가 만들어지는 과정: 화양 제공.
- [그림 129] 오창 다목적방사광가속기 조감도: 한국기초과학지원연구원.
- [그림 133] 전주시 지도: 국토지리정보원.
- [그림 134] 대동여지도 전주: 국토지리정보원.
- 표기되지 않은 사진은 저자가 직접 찍은 사진입니다.

참고자료

- 공주시지 1권 - 지리편, 2021.
- 공주시지 2권 - 역사편, 2021.
- 고랭지 농업연구 주요 성과. 농업진흥청 고랭지농업연구소. 2006.
- 감자 - 농업기술길잡이31. 농촌진흥청. 2020.
- 고랭지 농업 40년사. 농촌진흥청 고령지농업시험장. 2001.
- 《택리지》. 이중환 저, 이익성 역. 을유문화사. 2012.
- 맛있는 바다, 남해다름 수산물. 남해군 해양환경국 수산자원과. 2023.
- 국가문화유산포털 www.heritage.go.kr
- 여주시청 홈페이지 www.yeoju.go.kr
- 한국민속대백과사전 folkency.nfm.go.kr
- 한국민족문화대백과 encykorea.aks.ac.kr
- 고창 고인돌박물관 홈페이지 www.gochang.go.kr/gcdolmen